Daxuesheng Xinli Jiankang Jiaoyu

大学生心理健康教育

四川外语学院成都学院　组编

中国出版集团

世界图书出版公司

广州·上海·西安·北京

图书在版编目（ＣＩＰ）数据

大学生心理健康教育 / 尹大家等编著 . -- 广州 : 世界图书出版广东有限公司 , 2011.10
ISBN 978-7-5100-3997-3

Ⅰ . ①大… Ⅱ . ①尹… Ⅲ . ①大学生－心理健康－健康教育－高等学校－教材 Ⅳ . ①
B844.2

中国版本图书馆 CIP 数据核字 (2011) 第 201922 号

大学生心理健康教育

责任编辑	刘锦宏　陈　洁
封面设计	高　山
出版发行	世界图书出版广东有限公司
地　　址	广州市新港西路大江冲 25 号
电　　话	020-84459702
印　　刷	广东信源彩色印务有限公司
规　　格	787mm×1092mm　1/16
印　　张	13
字　　数	270 千
版　　次	2013 年 5 月第 2 版　2013 年 8 月第 3 次印刷
ISBN	978-7-5100-3997-3
定　　价	45.00 元

丛书编委会

主　　　任：尹大家

编委会成员：李　泽　　何　英

　　　　　　李　葵　　张华春

本 书 主 编：李　葵

本 书 作 者：（按姓氏笔画排序）

　　　　　　王　林　　王小会　　田　丹

　　　　　　艾　杰　　叶　鹏　　杨　陌

　　　　　　胡劲松　　郭　旗　　陶文静

序

　　开展大学生心理健康教育是新形势下全面贯彻党的教育方针、推进素质教育的重要举措，是促进大学生健康成长、培养高素质合格人才的重要途径，是加强和改进大学生思想政治教育的重要任务。大学生的心理健康教育已引起党和政府、教育主管部门、社会各界的高度重视，近年来，教育部、卫生部、共青团中央下发了《关于进一步加强和改进大学生心理健康教育的意见》，要求各高校把大学生心理健康教育工作纳入学校重要的议事日程，进一步明确了高校心理健康教育的目标、任务和方向。

　　我院作为四川省唯一一所专业外语学院，规模大、语种多，建校十多年来，我院大学生心理状况总体是良好的。学院构建起学院、系、班级三级心理健康教育工作体系：设立了大学生心理健康教育咨询中心，配备了专职专业人员；各系配备了心理健康教育工作兼职人员；班级设立心理委员，健全了大学生心理健康教育工作的相关制度，通过建立咨询教师值班制、异常情况报告制、疑难案例会诊制、辅导员联席会等制度，将大学生心理健康教育工作真正落到实处。学院还充分发挥广播、电视、校刊、橱窗、板报的作用，宣传普及心理健康知识。通过心理健康教育宣传周或宣传月、心理剧场、心理沙龙、心理知识竞赛等活动，营造心理健康教育的良好氛围。倡导朋辈互助，努力提高学生之间相互提供心理援助的能力。鼓励和扶持大学生心理健康教育社团的活动，提高学生自我生存、自我调控、自我激励和自我认知的能力。基本做到了心理问题及早发现、及时干预、有效控制，建立了从学生骨干、辅导员、系、部门、学院的危机快速反应机制，建立了从系、学院到专业精神卫生机构的危机快速干预通道。

　　即使这样，却也由于学习、就业、经济和情感、家庭等方面的压力，少数学生也曾出现各种心理问题，因此加强和改进大学生心理健康教育，已成为当前必须引起高度重视、亟需做好的一项重要工作，这也是落实我院"一切为了学生，为了一切学生，为了学生的一切"的具体保障措施之一。

　　为进一步加强和改进大学生心理健康教育，全面落实上级教育主管部门"高校要普及大学生心理健康教育，有针对性地开设必修、选修课程、专题讲座和报告等，在大学生中广泛普及心理健康知识"的指示精神，在我院学生处的统筹下，学院大学生心理健康教育咨询中心专业人员和部分长期从事学生工作的同志历时半年，总结工作经验，经过大学生心理健康测量、问卷调查、分析研究，反复择定内容编写了这本大学生心理健康教育教材，我对各位参编老师的巨大投入和辛苦付出表示感谢。

　　该书既有心理学理论知识的阐释，又有生动、真实的大学生心理个案分析，是一本顺应独立学院大学生心理健康教育发展需要的心理学教材。我相信，教材的出版一定能引导大学生树立心理健康意识，优化心理品质，增强预防、缓解心理问题和心理调适的能力，培养积极、乐观、向上的态度和较强的社会适应能力。

四川外语学院成都学院

党委书记 院长　尹大家

2011 年 5 月

Contents 目录

第一章 绪 论

健康是人类一直追求的目标，在不同的时代，我们对于健康有着不同的理解。但是随着时代的进步，科学和文化的发展，人们对于健康的认识也越来越趋于全面，健康不仅指躯体的健康，还包括了心理健康、社会适应良好和道德健康。作为正处在青春期的大学生，其心理特点具有一定的共性，因为他们要自主地面对一系列的问题，所以心理冲突表现得比较普遍。根据我们近年来对我院学生的心理普查和个别咨询的情况来看，我院学生在学习、人际、环境适应等心理问题方面反映得较为集中。作为独立学院中专业的外国语院校，总的来说我院学生的心理健康与其他高校的学生有共性，但是由于女生多和专业的特点，又有其个性。本章主要从共性方面进行总的分析。

第一节　健康与心理健康

一、新的健康观

健康是人类生存和发展的基本要素，也是人类永恒的话题。人们对健康的理解也随着社会的不断进步而发生着改变。

在生产力低下的时期，人们对健康概念的理解非常懵懂，很多人把"健康"和"长寿"相提并论。那时提出的养生学理论基本都是通过"内养"的方式来使人们达到长寿的目的。

随着生产力水平的提升，医学和生物技术对人类健康的贡献增强了，人们开始运用医疗技术控制许多传染病，治疗以前认为的不治之症。这个时候，人们对于健康的认识就变成了"无病"，认为没有生病就是身体健康。在 20 世纪初英国出版的《简明不列颠百科全书》中对健康下了这样的定义："没有疾病和营养不良以及虚弱状态。"我国出版的《辞海》（1989 年版）中也将健康定义为："人体各器官系统发育良好、功能正常、体质强壮、精力充沛，并具有良好劳动效能的状态。通常用人体测量、体格检验和各种生理指标来衡量。"在这样的背景下，就产生了当时所谓的"生物—医学"的健康模式。

但是随着科学文化的发展，人们物质生活满足后，精神生活的需求和满足提上了日程。传统的"生物—医学"模式也开始发生转变。人们开始意识到很多生理疾病的产生都离不开心理因素，心理健康问题成为社会的一种普遍现象，"亚健康""灰色状态"等健康问题开始困扰人们。人们认识到心理、社会因素在健康和疾病以及它们相互转化的过程中起到了不容忽视的作用，医学和生物学的研究远不能诠释我们的健康，因而"生物—心理—社会医学"的三维健康模式应运而生。

在1948年世界卫生组织（World Health Organization，简称WHO）成立所发表的宪章中指出："健康是一种生理、心理与社会适应都臻于完满的状态，而不仅是没有疾病和摆脱虚弱的状态。"并进一步指出健康的新概念：一是有充沛的精力，能从容不迫地担负日常工作和生活，而不感到疲劳和紧张；二是积极乐观，勇于承担责任，心胸开阔；三是精神饱满，情绪稳定，善于休息，睡眠良好；四是自我控制能力强，善于排除干扰；五是应变能力强，能适应外界环境的各种变化；六是体重得当，身材匀称；七是牙齿清洁，无空洞，无痛感，无出血现象；八是头发有光泽，无头屑；九是反应敏锐，眼睛明亮，眼睑不发炎；十是肌肉和皮肤富有弹性，步伐轻松自如。因此，健康是生理健康与心理健康的统一，二者是相互联系，密不可分的。当人的生理产生疾病时，其心理也必然受到影响，会产生情绪低落、烦躁不安、容易发怒，从而导致心理不适；同样，长期的心情抑郁、精神负担重、焦虑的人也易产生身体不适。因此，健全的心理与健康的身体是相互依赖、相互促进的。

二、心理健康的含义和标准

通过健康概念的变迁我们可以看到，人们对于健康的认识越来越深刻，心理健康在健康的要素中的重要性也越来越受到人们的关注。那么，什么是心理健康呢？

1. 心理健康的含义

对于心理健康的概念，有着以下各种不同的表述。

1946第三届国际心理卫生大会曾为心理健康下过一个定义："所谓心理健康是指在身体、智能以及情感上与他人的心理健康不相矛盾的范围内，将个人心境发展成最佳的状态。"

心理学家英格里希（H. B. English）认为："心理健康是一种持续的心理状态，当事者在那种状态下，具有良好的适应能力，具有生命的活力，而且能充分发挥其身心的潜能，这乃是一种积极的状态，不仅仅是免于心理疾病而已。"

精神病学家门宁格（K. Menninger）认为："心理健康是指人们对于环境及相

互间具有最高效率及快乐的适应情况，不仅要有效率，也不只是要有满足感，或是愉快地接受生活的规范，而是需要三者兼备。心理健康的人应能保持平静的情绪，敏锐的智能，适于社会环境的行为和愉快的气质。"

中国心理学会常务理事刘华山认为："心理健康应是指一种持续的心理状态，在这种状态下，个人拥有生命的活力、积极的内心体验、良好的社会适应，能够有效地发挥个人的身心潜能与积极的社会功能。"

从上面的表述我们可以看出，虽然对心理健康至今为止没有一个明确的定义，但是综合来看，心理健康就是积极向上的人生态度，是一种内外和谐的良好状态。

2. 心理健康的标准

我们在讨论心理是否健康的时候，其核心是心理健康的标准问题。

1946 年第三届国际心理卫生大会认定的心理健康标准是：

（1）身体、智力、情绪十分协调；

（2）适应环境，人际关系中彼此能谦让；

（3）有幸福感；

（4）在职业工作中，能充分发挥自己的能力，过着有效率的生活。

著名心理学家马斯洛和麦特曼提出了被认为是"最经典的"心理健康的标准，有如下 10 条：

（1）有充分的安全感；

（2）能充分了解自己，并能对自己的能力作出适当的估价；

（3）生活的理想切合实际；

（4）能与周围的环境保持良好的接触；

（5）能保持自身人格的完整与和谐；

（6）具有从经验中学习的能力；

（7）能保持适当和良好的人际关系；

（8）能适度地表达和控制自己的情绪；

（9）能在不违背团体要求的前提下，有限度的发挥个性；

（10）能在不违背社会规范的条件下，适度地满足人格的基本需要。

虽然关于衡量心理健康的标准不完全相同，但是我们可以从中看出，一个心理健康的人一定是一个热爱生活，爱自己也爱他人，善于控制自己，乐于改变自己的人。同时我们要认识到一点，心理健康是个相对的概念，因为心理健康毕竟不像躯体健康那样有明显的生理标准，并且心理健康也不是一条直线不会一成不变，心理正常与异常也没有一个放之四海而皆准的标准，因为我们的心理世界本来就是复杂多变的，一个健康的人也可能有突发性、暂时性的心理异常。

三、心理健康的重要性

对于人类来说，心理健康有着重大的意义。

1. 心理健康是健康的动力和保证

之前我们在谈论健康的时候就已经提到，人体的健康是生理健康和心理健康的统一。生理健康是健康的基础，而心理健康则是身体健康的动力和保证。

【链接】 情绪对健康的影响实验

美国生理学家爱尔玛为了研究情绪状态对健康的影响，设计了一个很简单的实验：他把一支支玻璃管插在正好是 0℃ 的冰水混合物容器里，然后分别注入人们在不同情况下的"汽水"，即用人们在悲痛、悔恨、生气时呼出的水汽和他们在心平气和时呼出的水汽作对比实验。结果表明，当一个人心平气和时呼出的水汽冷凝成水后，水是澄清透明、无杂质的；悲痛时呼出的水汽冷凝后则有白色沉淀；悔恨时呼出的水汽沉淀物为乳白色；而生气时呼出的"生气水"沉淀物为紫色。他把"生气水"注射到大白鼠身上，几十分钟后，大白鼠就死了。由此可见，生气对健康的危害非同一般。

有分析表明：人生气 10 分钟会耗费大量精力，其程度不亚于参加一次 3000 米的赛跑；而且生气时的生理反应也十分剧烈，分泌物比其他任何情绪状态下的分泌物都复杂，且更具毒性。因此，动辄生气的人很难健康长寿。现代医学也认为："在一切对人不利的影响中，最使人短命的，是不好的情绪和恶劣的心境"。

2. 心理健康才能更好地适应社会

社会的环境是复杂多变的。心理不健康的人在面对纷繁复杂的社会环境时会表现得不够冷静，惊慌失措，一筹莫展。而心理健康的人则能对现实保持清醒的认识，有高于现实的理想，但又不沉浸在幻想当中，对生活中的各种问题、困难都能够积极面对，并努力地处理而不是回避，从而更适应整个社会的变化。

3. 心理健康才能更好地学习和工作

心理健康的人能在学习和工作中得到满足感，并且能把自己的聪明才智在学习和工作中发挥出来，对于他们来说，学习和工作不再是负担，而是一种乐趣。

总之，心理健康在人们的生活、学习和工作中都有重要的作用，它可以让人们全面健康的发展，使人与人之间的关系更为和谐。随着社会的发展和进步，心理健康的重要性也越来越凸显，健康的心理也是一个人快乐、成功的保证，是社会稳定的条件。

四、影响心理健康的主要因素

1. 生物遗传因素

(1) 遗传因素的影响。虽然人的心理活动内容不是遗传的，但心理活动的生理基础却受个人遗传基因的制约。根据统计和临床观察，不少的精神疾病的发生确实都与遗传有关。

(2) 脑损伤的影响。脑震荡、脑挫伤、由病菌和病毒等引起的中枢神经的传染病会损害人的神经组织结构，导致器质性心理障碍或精神失常。不少学者发现，额叶受损伤的患者人格改变、智力降低、抽象思维障碍，行为退化到原始简单的形式；较严重的病例对自己的行为缺乏估计能力，对行为是否恰当丧失了判断能力。

(3) 生理疾病或缺陷的影响。躯体疾病，尤其是慢性疾病，常使人变得烦躁不安，敏感多疑，情绪稳定性降低，行为控制力减弱，人际关系变得紧张。例如成人甲状腺功能亢进时，可能出现烦躁不安、易激动、多言、情绪不稳定、自制力减弱、失眠等心理异常；而甲状腺机能低下时，可出现感觉迟钝、行为迟缓、说话慢、思维迟滞、思睡等异常。生理有缺陷者容易被人们讥笑或怜悯，易形成内向性格。

2. 社会环境因素

(1) 生活环境因素

生活中的物质条件恶劣，生活习惯不当，如摄取烟、酒、食物过量等，都会影响和损害身心健康。另外，不良的工作环境、劳动时间过长、工作不胜任、工作单调以及居住条件和经济收入差等，都会使人产生焦虑、烦躁、愤怒、失望等紧张心理状态，从而影响人的心理健康。此外，生活环境的巨大变迁也会使个体产生心理应激，由此带来心理的不适。

(2) 重大生活事件与突变因素

生活中遇到的各种各样的变化，尤其是一些突然变化的事件，常常是导致个体心理失常或精神疾病的原因，比如家人死亡、失恋、离婚、天灾、疾病等。由于个体每经历一次生活事件，都会给其带来压力，都要付出精力去调整、适应，因此，如果在一段时间内发生的不幸事件太多或事件较严重、突然，个体的身心健康就很容易受到影响。

【链接】 灾后心理

灾难发生时，许多人会经历亲人的伤亡，或是自己身体也受到伤害。在这种情况下，受难者会因灾难而产生一些身心反应。而其中的一系列心理反应如果过于强烈或持续存在，就可能导致精神疾患。有研究表明，重大灾害后精神障碍的发生率为 10%～20%，一般性心理应激障碍更为普遍。因此，在近二十多年以来，在国际上针对各大灾难的救援活动中，灾后心理辅导已基本上被列为正式的医疗救助手段和项目。

最让我国人民刻骨铭心的就是四川汶川的"5·12"大地震。大地震不但带来了巨大的财产损失、人员伤亡，给灾区人民的心灵也带来巨大的冲击。很多人亲眼目睹了自己的亲人、朋友、同事、同学在地震中罹难，除了幸存者和目击者，那10多万救援人员、大量现场记者，他们的心理也同样受到很大影响。"重大灾难会给现场人员带来巨大心理创伤，心理援助与人身抢救、物资支援同等重要。"中国社会科学院心理研究所所长张侃在2008年5月16日"我要爱"心理援助行动新闻发布会上说："受灾群众往往因为无法应对、无助而惶惑不安，产生心理挫折，如恐惧、焦虑、烦躁不安、自卑、消沉、抑郁等，严重的会引发酗酒、吸烟、药物依赖等不良行为，甚至出现冲动攻击行为，乃至自杀行为。"我国在第一时间除了组织医疗救助队以外，也组织了心理咨询援助队赶赴灾区，通过深入走访，进医院，进学校，在灾区设立心理救援站等方式，及时对灾区的人民和现场的救援人员、记者进行了心理疏导和灾后心理重建。

（3）文化教育因素

文化教育因素包含家庭教育和学校教育。对个人心理发展而言，早期教育和家庭环境是影响心理健康的重要因素之一。研究表明，个体早期环境如果单调、贫乏，其心理发展将会受到阻碍，并会抑制其潜能的发展，而受到良好照顾，接受丰富刺激的个体则可能在成年后成为佼佼者。另外，儿童与父母的关系，父母教养的态度、方式，家庭的类型等也会对个体以后的心理健康产生影响。早期与父母建立和保持良好关系，得到父母充分的爱，受到支持、鼓励的儿童，容易获得安全感和信任感，并对成年后的人格良好发展、人际交往、社会适应等方面有着积极的促进作用。比如，杰克·布迪（1980年）通过大量的临床观察发现，成年期的抑郁与青春期前爱的持续的缺乏和丧失有着密切的联系。学校教育的失当，例如学校的教育方法、校内的人际关系、校风等方面的问题，教师的教育态度、人格状况不良等，都会导致学生心理健康问题。此外，不同的社会文化对人的心理健康也有重大影响。文化精神病学的研究表明，不同文化（科学、教育、宗教、风俗、传统文化、社会习惯等）中精神病的发病率与临床表现形式都存在明显的差异。比如，在发展中国家，狂躁或抑郁性精神病较少见；而在发达国家，抑郁症却是颇为常见的病症。

3．心理因素

（1）情感因素

人的心理活动总是通过人的情感变化而影响内脏器官的活动。积极、愉快的情感对人的生活起着良好的作用，有助于发挥机体的潜能，提高工作效率，增进人体健康。近代医学科学实验研究已肯定消极情感对身心疾病的发生、发展过程起着不良作用。例如，无所依靠和失望的情绪会降低一个人的免疫力。情绪在心理变态中起核心作用，情绪异常往往是心理疾病和精神病的先兆，因此，良好的情绪是心理健康的重要保证。

（2）个性特征

每个人都有自己独特的个性特征，它对人的心理健康有非常明显的影响。这是因为人们总是根据自己的个性特点对致病原因及已形成的疾病作出反应，因此，个体的个性特征往往比引起疾病的病原性质更能决定疾病的表现。研究表明，各种精神疾病，特别是神经官能症，往往都有相应的特殊人格特征为其发病的基础。美国学者弗里曼（Freeman）研究发现，多数心脏病患者都具有"A型"性格。有人还发现癌症患者具有所谓"亚稳定个性"，即以抑制倾向为特征的个性特点。因此，培养和完善健全的人格是预防和减少心理障碍或精神疾病的一项重要措施。

（3）心理冲突

心理冲突是人们面对难以抉择的处境而产生的心理矛盾状态。由于心理冲突带来的是一种心理压力，这种压力往往会增加个体适应环境的困难，因而，在多数情况下都会对个体的身心健康和工作产生不良的影响。尤其是当冲突长期得不到缓解时，便会产生紧张和焦虑的情绪，严重时还可能导致心理疾病。虽然心理冲突并不一定全是坏事，但剧烈而持久的冲突无疑会有损身心健康，所以应尽量避免。

第二节　大学生的心理健康

大学生身体、生活压力的加大，价值观念不确定，在这两个因素共同作用下，处在成年初期的当代大学生因各种生活事件而产生强烈心理和价值冲突的几率大大增加了，从2004年的马加爵到最近的药家鑫，大学生的心理健康问题越来越受到学校和社会的关注。

一、大学生心理的特点

1. 思维能力极大发展，但缺乏成熟、理智的思考

大学生正处于智力发展的高峰期，观察力、记忆力、思维力、想象力都达到了人生中的最佳时期，而智力发展最大的特点则是思维能力的发展。思维活跃是当代大学生的一大优点，他们思维的独立性、灵活性、显著性和批判性显著增强。他们不再完全信任书本、老师、家长所传授的知识，对待问题喜欢追求根源，能提出自

己的见解，并且当自己的见解被同学支持或有事实证明时，他们就更加自信，更加愿意独立思考。然而，由于个人的阅历较浅，抽象思维的水平并没有达到完全成熟的程度，并且看问题时掺杂了个人的感情色彩，往往过于自信，把问题看得过于简单，而陷入主观上的"想当然"的境地。

2. 追求自我形象的完美与现实的矛盾

进入大学的学生，经过了高考的洗礼，通过了高考的独木桥，对自己充满了信心，对自己的各方面也就提出了更高的要求和目标。当到了大学集体中，发现人才济济，人外有人，山外有山，自己并不是想象中的那么优秀，不再是高中时期那个被人随时关注的白天鹅了，许多大学生于是有了一种自豪感与自卑感交织的心理，一遇到挫折就很容易对自身的能力产生怀疑，出现消极的自我评价，甚至否定自己的能力，产生悲观消极的情绪，造成较大的心理负担，甚至引发心理障碍。

3. 交往欲望增强，但心理闭锁

大学生离开父母到了一个陌生的环境生活，对友情的渴望增强了，对人际关系的追求往往带有较浓的理想色彩，以自己的理想友谊模式为标准来衡量自己周边的人际关系，于是在人际交往中存在强烈的失落感，觉得达不到自己的要求。同时，由于相当多的学生存在着多方位的逆反心态，缺乏与同学的基本合作精神和宽容精神，缺乏人际间必要的信任和理解，以致周边的人际关系平淡；加之交往的过程中方式欠妥，交往能力有限，人格缺陷等问题，容易导致交往的失败。长期的交往失败就让一些大学生把交往看做是一种负担，渐渐造成心理上的闭锁，长此以往就会产生一种莫名的孤独感，这种孤独感与大学生活空间的扩大对人际交往的强烈需要之间形成了一种难以排解的矛盾。

4. 爱情需要与性意识进一步发展

所谓性意识，一般指对性的理解、体验和态度。随着大学生生理的发育，他们的性意识也开始明朗化和迅速发展起来。他们渴望与异性交往，追求美好的爱情。这一时期的男女交往极其敏感，容易冲动，常表现为激情。但是道德、法律以及校规校纪的约束容易造成性心理的失衡，出现诸如性认知的偏差、性欲困扰、性焦虑等一系列心理问题，有的甚至影响了正常的学习和生活。由于我国的性教育较为薄弱，性心理教育甚至相对滞后，许多学生并没有真正建立健康的性心理，不能很好地处理与异性间的关系。大学生活空间的扩大，男女交往以致恋爱活动频繁，大学生期望在学校中寻找或依附于同等学力的好伴侣，但实际上，这个时候的学生缺乏生活的经验已经寂静自立的基础，性心理的发展也不够成熟，恋爱往往会以失败告终，而失恋滞后导致的失态、失志，因性盲目而导致的性交往的困惑等问题，也就影响了他们的学习和生活。

二、大学生心理健康的标准

(一) 心理健康的等级

任何人都有可能在某一个阶段产生一些心理问题，不存在永远心理健康的人。心理健康水平大体上可以分为四个等级：健康状态，不良状态，心理障碍，心理疾病。

1. 健康状态

表现为心情经常愉快，或者在某一个时段（一周、一月、一季，或者一年）内，快乐的感觉大于痛苦的感觉；能很好适应周围的环境，善于与别人相处，能胜任社会和家庭的角色，较好地完成同龄人发展水平应做的活动，具有调动情绪的能力。

2. 不良状态

又称第三状态，是正常人群中常见的一种亚健康状态。这种状态的特点是：持续时间较短，一般在一周之内能得到缓解；损害轻微，处于此类状态的人一般都能完成日常工作、学习和生活，只是感觉到快乐的感觉小于痛苦的感觉，"很累"、"没劲"、"不高兴"是他们经常说的词汇；能自我调整，此状态的人大部分能通过自我调整如休息、聊天、运动、旅游、娱乐等放松方式使心理状态得到改善。

3. 心理障碍

主要表现为与他人相处略感困难，其心理活动的外在表现与其生理年龄不相称，或其反应方式与常人不同；对于障碍的对象（如特定的人、事或者环境）有强烈的心理反应，而对非障碍的对象则表现正常；损害较大，此状态可能使当事人不能按常人的标准完成某一项或者几项社会功能。此状态的人大都不能通过自我调节和非专业的帮助解决根本问题，心理医生的指导是必需的。

4. 心理疾病

表现为严重的适应失调，不能进行正常的生活、学习和工作，如不及时治疗，可能恶化成精神病，轻微的依靠药物，严重的则要在医院接受封闭治疗。

(二) 大学生心理健康的标准

在实践中，我们认为大学生心理健康应从以下方面把握：

1. 智力正常

这是大学生学习、生活与工作的基本心理条件，也是适应周围环境变化所必需的心理保证，因此衡量时，关键在于是否正常地、充分地发挥了效能，即有强烈的求知欲，乐于学习，能够积极参与学习活动。

2. 情绪健康

其标志是情绪稳定和心情愉快。包括的内容有：愉快情绪多于负性情绪，乐观开朗，富有朝气，对生活充满希望；情绪较稳定，善于控制与调节自己的情绪，既能克制又能合理宣泄；情绪反应与环境相适应。

3. 意志健全

意志是人在完成一种有目的的活动时，所进行的选择、决定与执行的心理过程。意志健全者在行动的自觉性、果断性、顽强性和自制力等方面都表现出较高的水平。意志健全的大学生在各种活动中都有自觉的目的性，能适时地作出决定，并运用切实有准备的方式解决所遇到的问题，在困难和挫折面前，能采取合理的反应方式，能在行动中控制情绪和言行，而不是行动盲目、畏惧困难、顽固执拗。

4. 人格完整

人格指的是个体比较稳定的心理特征的总和。人格完善就是指有健全统一的人格，即个人的所想、所说、所做都是协调一致的。一是人格结构的各要素完整统一；二是具有正确的自我意识，不产生自我同一性混乱，以积极进取的人生观作为人格的核心，并以此为中心把自己的需要、目标和行动统一起来。

5. 自我评价正确

正确的自我评价乃是大学生心理健康的重要条件。大学生通过自我观察、自我认定、自我判断和自我评价做到知，恰如其分地认识自己，摆正自己的位置，既不以自己在某些方面高于别人而自傲，也不以某些方面低于别人而自惭，能够自我悦纳，喜欢自己，接受自己，自尊、自强、自制、自爱适度，正视现实，积极进取。

6. 人际关系和谐

良好而深厚的人际关系，是事业成功与生活幸福的前提。其表现为：乐于与人交往，既有广泛而深厚的人际关系，又有知心朋友；在交往中保持独立而完整的人格，有自知之明，不卑不亢；能客观评价别人和自己，善取人之长补己之短，宽以待人，乐于助人；积极的交往态度多于消极态度，交往动机端正。

7. 社会适应正常

个体与客观现实环境保持良好秩序。通过客观观察以取得正确认识，以有效的办法对应环境中的各种困难，不退缩；还要根据环境的特点和自我意识的情况努力进行协调，或改变环境适应个体需要，或改造自我适应环境。

8. 心理行为符合大学生的年龄特征

大学生是处于特定年龄阶段的特殊群体，应具有与其年龄和角色相应的心理行为特征。心理健康的大学生应该是精力充沛、勤学好问、反应敏捷、喜欢探索。过于老成、过于幼稚、过于依赖都是心理不健康的表现。

（三）正确理解心理健康的标准

正确理解大学生心理健康的标准应重视以下方面：

（1）标准的相对性。事实上大学生心理健康与不健康也并无明显界限，而是一个连续化的过程，如将正常比作白色，将不正常比作黑色，那么在白色与黑色之间存在着一个巨大的缓冲区域——灰色区，世间大多数人都处在在这一区域内。这也说明，对多数学生群体而言，在人生的发展过程中面临心理问题是正常的，不必大惊小怪，应积极加以矫正。与此同时，个体的灰色区域也是存在的，大学生应提高自我保健意识，及时进行自我调整；一个人产生了某种心理障碍并不意味着永远保持或行将加重。这是一个发展的问题，许多发展性问题是可以自行解决的。

（2）整体协调性。把握心理健康的标准，应以心理活动为本，考察其内外关系的整体协调性。从心理过程看，健康的心理活动是一个完整统一的协调体，这种整体协调保证了个体在反映客观世界的过程中的高度准确性和有效性。事实表明，认识是健康心理结构的起点，意志行为是人格面貌的归宿，情感是认识与意志之间的中介因素。从心理结构的方面看，一旦不能符合规律地进行协调运作时，就可能产生一系列的心理困扰或问题；从个性角度看，每个人都有自己长期形成的稳定的个性心理，个性在没有明显的、剧烈的外部因素影响下是不会轻易发生变化的。从个体与群体的关系看，个人在其现实性上划分成不同的群体，而不同群体间的心理健康标准是有差异的。

（3）发展性。事实上，不健康的心理可能是在人的发展中不可避免的发展性问题，其症状随着发展而自行消失。

（4）心理健康的标准是一种理想尺度，它不仅为我们提供了衡量是否建卡的标准，同时也为我们指明了提高心理健康水平的努力防线。每一个人在自己现有基础上作不同程度的努力，就可以追求心理发展的更高层次，不断激发自身的潜能。

（5）大学生心理健康的标准是能有效地进行工作、学习和生活。如果正常的工作、学习和生活难以维持，应该及时进行调整。

三、大学生常见的心理问题

其实在大学生中有心理障碍或者心理疾病的人并不多，多数都是一般性的心理困扰，主要表现在以下几个方面：

1. 生活适应性问题

大学新生在进校之后都有一个角色转换与适应的过程，每年刚入学的新生往往会出现这样或那样的心理问题，心理学上将这一时期称为"大学新生心理失衡期"。出现的原因主要有：一是现实中的大学和他们理想中的大学不一样，由此产生的落差。拿我们外语类院校来说，新生进校之后由于专业的要求，需要每天进行早读和晚自习，期间会有老师来进行辅导和答疑。很多同学都把这一年的学习称之为"高四",甚至觉得高中生活还没有这么紧张,以致产生了心理落差。二是新生对新的环境、新的人际关系、新的教学模式不适应,产生了困惑而造成心理失调。三是来到大学,从以前的佼佼者变成了学校中普通的一员,这也是导致心理落差的原因之一。

2. 学习问题

大学生的主要任务还是学习,学习压力大,学习动力不足,学习目的不明确,学习动机功利化,学习成绩不理想,学习方法不恰当,考试焦虑等学业问题始终困扰着大学生。另外,有的学生专业选择不当,也会影响学习兴趣和学习成绩。

3. 人际交往问题

受应试教育的影响,学生的人际交往能力较弱。进入大学后,如何与周围的同学友好相处,建立和谐的人际关系,是大学生面临的一个重要课题。从大一新鲜中的迷茫,到大二、大三稳定中的冲突,再到大四分流中的矛盾,大学生始终面临着一个个带有阶段性特征的人际交往问题,一旦处理不好,就很容易出现孤独、嫉妒,甚至敌对、仇视等心理问题。

4. 恋爱与性问题

从生理方面来讲,大学生生理发育早已成熟,渴望与异性交往。但是他们的社会心理并没有完全成熟,对恋爱挫折的承受能力较弱,对性冲动的自控能力较弱,容易出现心理问题,影响正常的学习和生活,严重的还导致心理障碍。

5. 网络心理问题

网络依赖、网络成瘾问题越来越受到关注和重视。不少大学生对网络产生强烈的依赖性,一方面是因为在现实生活中失意而在虚拟的网络世界寻找心理满足,另一方面也是被网络本身的精彩深深吸引。所以,有些大学生对网络的依赖性越来越强,有的甚至染上网瘾,每天花大量时间泡在网上,沉湎于虚拟世界,自我封闭,与现实产生隔阂,不愿与人面对面交往。

6. 求职择业问题

如今社会就业形势严峻,竞争激烈,很多大学生对自己了解少,也对社会缺乏真正的了解,对未来的规划也不够,导致大学生面对就业问题时容易产生失落和不安的情绪,对未来发展充满彷徨和焦虑。

此外,大学生在成长的过程中,在自我意识、人格、挫折承受、情绪等方面也会遇到一系列心理问题,甚至形成心理障碍和心理疾病,对大学生的成长和成才极为不利。我们在之后的章节中会具体讲述。

四、增进大学生心理健康的途径和方法

增进大学生的心理健康应成为全社会关注的问题,成为高等教育的重要目标,

成为每个大学生努力的方向。

1. 有健康的生活方式和良好的生活习惯

健康的生活方式和良好的生活习惯是一个人身心健康的重要保障。一般来说，一个良好习惯多、不良习惯少的人，往往是心理健康状况良好的人，反之则是欠佳者。我们常常看见有些人一心埋头于学习和工作，置其他于不顾，始终处于高度的紧张状态；有的人生活没有规律，吸烟、饮酒过量或是不恰当地服药，随意破坏身体生物节奏和精神节奏，这样的结果是工作和学习的效果并不是很好。对于可塑性较强的大学生来说，培养良好的生活习惯会终身受益。

【案例】 *减肥药减出的病*

爱美是女生的天性。为了保持良好的体形，蓝蓝想了很多方法，最后在大量广告和传单的攻势下，她选择了吃减肥药。一个疗程吃完了，她的体重没有太大的改善，但是家里人却发现蓝蓝从以前的温顺、内向变得张扬、高调起来，并且经常大声地呵斥家里人，打电话不到手机没电就不松手，情绪经常处于亢奋、紧张的状态。家人觉得蓝蓝有问题，于是带她去医院做详细的检查。医生通过检查和测评后发现，蓝蓝因为服用减肥药出现了躁狂的症状。医生建议必须立即停止服用减肥药，并且接受专业的精神和心理治疗。

2. 要学会自我心理调节

大学生正处于身心发展的重要时期，应随时随地加强自我心理的调节。主要可以采取以下几种方法：

（1）及时疏泄负面情绪。长期压抑情绪会直接导致心理障碍，因为负面情绪自己不会消失，虽然暂时被压抑，但是积累到一定程度就会以极端的形式爆发，会造成更大的伤害。因此在生活中遇到令人不愉快和烦闷的事情，要及时使不良情绪得到发泄，但要注意宣泄的对象、地点、场合、方式等，切不可任意宣泄，无端迁怒他人或他物。

（2）理智调节。大学生往往好强气盛，在日常生活中易出现过于强烈的情绪反应，每当此时，思维会变得狭隘，情绪会难以自控。因此，大学生要学会理智调节，无论遇到什么事情，产生什么不良情绪，都用理智的头脑分析原因、解决问题、调节情绪，从而保持心理平衡。

（3）转移注意力。当你心绪不佳，有烦恼时，可以换换环境，外出参加一些娱乐活动，因为新奇刺激可以使人忘却不良的情绪。有意识地强迫自己转移注意力，对于调节情绪有特殊的意义。

（4）换个角度看待问题。许多时候，烦恼来自于不合理的认知角度。

【链接】 老太太与两个女儿

一位老太太有两个女儿,大女儿嫁到一个卖雨伞的人家,二女婿则靠卖草帽为生。一到天晴,老太太就唉声叹气,说:"大女婿的雨伞不好卖,大女儿的日子不好过了。"可一到雨天,她又想起了二女儿,说:"又没人买草帽了。"所以,无论晴天还是雨天,她总是不开心,一下子头发全白了。一位邻居看了觉得奇怪,就问老太太出了什么事情,老太太将自己一直以来的担心说了出来。邻居听了哈哈大笑,对她说:"下雨天你想想大女儿的伞好卖了,晴天你就去想二女儿的草帽生意不错。这样想,你不就天天高兴了吗?"老太太听了邻居的话,脸上天天都有了笑容。

这个故事告诉我们:"月有阴晴圆缺,人有悲欢离合,此事古难全。"世事总是难以两全其美,任何事物都可以从多个角度去看,找到对自己最有利的角度。换一个角度,换一种心情!

3. 积极参加社会活动

人的心理是在社会交往、社会实践中形成和发展的,因而多参加人际交往,多参加各种社会活动,可以使人胸襟开阔,感受到充足的社会安全感、信任感、激励感,大大增强生活、学习的信心和力量,减少心理危机感。

4. 正确评价自己,悦纳自己

心理学研究表明,凡是对自己的认识和评价与本人实际情况越接近,表现自我防御的行为就越少,社会适应性就越强。相反,自卑感过重的人或自我过于夸大的人,常会感到紧张焦虑,从而导致心理问题产生。因此,不要苛求自己,不以己之长来比他人之短,也不以己之短来比他人之长,要正确地评价自己,肯定自己,悦纳自己。

5. 要及时寻求心理咨询帮助

尽管大学生群体存在很多心理问题,然而只有极少部分学生接受心理咨询方面的专业帮助。我们应消除不正确的认知,在遇到心理问题难以解决时,应及时寻求心理咨询帮助,让自己及早摆脱心理困惑。

【链接】 全国大学生心理健康日

2000 年,由北京师范大学心理系团总支、学生会倡议,十多所高校响应,并经北京市团委、学联批准,确定每年的 5 月 25 日为北京大学生健康日。2001 年,四川省、广东省也确定每年的 5 月 25 日为本省的大学生心理健康日。此后(2004年),教育部、团中央、全国学联办公室向全国大学生发出倡议,把每年的 5 月 25日确定为全国大学生心理健康日。

补充知识:女性心理的特征

恩格斯曾把人的心理活动誉为"地球上最美的花朵",而女性的心理活动则是花中之冠。女性心理特征最突出的表现是比男性富于感情。这是因为女性的神经系统具有较大的兴奋性，对任何刺激反应都比较敏感，无论是愉快的，或是厌烦的，都会通过表情和姿态表达出来，如脸红、哭、笑、发怒、喊叫等。

女性最容易接受暗示，各种形式的催眠术容易成功，因此女性常被迷信活动所迷惑。女性因其母性本能，多心地善良，富于同情心、怜悯心和爱心，她们往往在慈善事业和人道主义活动中做出卓越的贡献。

爱美是女人的天性。她们举止文雅、娇柔，在社交活动中最受人爱慕。她们的形象思维强于男性，适于从事音乐、戏剧、美术、舞蹈等艺术工作。女性的虚荣心和自尊心较强，不愿别人说她的短处，对伤害过自己的人往往耿耿于怀。一旦做了伤害别人的事，心里后悔，但不愿公开道歉。在现代家庭中，女性由从属地位变为主权者，丈夫们言听计从，往往使一些女性产生自我优越感。如果她们自不量力，对丈夫求全责备，势必影响夫妻感情。因此，现代女性更应注意提高自己的心理素质。

女性的心理活动有许多地方不同于男性。在知觉方面，女性高于男性，她们阅读、领会快，但对细节的知觉不如男性准确。在记忆方面，女性胜过男性，但在缓慢逻辑性理解上，如推论或归纳，女性不如男性。女性具有较大的耐性与良好的直觉和记忆，她们的教学成就优于男性。女性机智、灵敏，能较快从困境中解脱出来。女孩学说话比男孩早，多数女性健谈，常常向伙伴倾诉内心烦恼，借以消除压力。女性比男性忠实、谨慎，学习成绩也比较好。女性在精神方面成熟较早，但以后发展较慢。

【学习与思考】

1. 大学生心理健康的标准是什么？

2. 根据我们的实际情况，谈谈我们可以从哪些方面增进和加强心理健康。

3. 作为独立学院中专业的外国语学院，我们有着女生多、文化冲突明显等特点，根据本章知识，谈谈你认为在这样的环境中可能面对的问题和解决方式。

第二章 大学生环境适应心理

我们知道，生存能力、适应能力、承受挫折的能力、专业能力、开拓创新的能力与合作共事的能力是现代社会生活所必须具备的能力因素，是构成健康、成熟的心理素质的主导因素，它们决定着一个人的心理功能即社会活动的效能和水平。其中适应能力具有关键性的意义，"不能适应就不能生存"，不能生存就无所谓创造，那么一切都无从谈起。基于适应的本质规律，一个人的适应能力可以通过学习和训练，有目的的引起感受性的变化，增强或降低以达成适应，从而满足环境及活动任务的需要。人与人之间的适应能力存在着极大的差异性，同样的环境，同样的校园生活，有的能够适应，有的则不能适应。不同的环境、不同的岗位需要不同的知识和能力结构来适应，为增强个体的社会适应能力，就不能不研究影响适应的基本因素。客观因素包括环境因素、物质条件、社会条件、人际关系等。一般来说客观条件是不变的，要通过自身的调节去慢慢适应，所以客观因素最终要通过主观因素起作用。主观因素包括一个人的需要、目的与动机、兴趣、态度、知识经验、技能技巧、身心素质、健康状况等。主观条件是可以改变的，它通过自身的努力最终可以达到目标，甚至可以通过自己的努力改变客观条件，从而达到适应社会、适应自然的目的。通过本章的学习，让同学们缩短高中到大学的过渡期，尽快适应大学生活。

第一节 适应的心理过程与机制

一、适应的心理发展过程

（一）心理适应的概念

在心理学范畴里，使用"适应"概念时通常有三个角度：一是生物学意义上的适应，即生理适应，如感官对声、光、味等刺激物的适应；二是心理上的适应，通常是指遭受挫折后借助心理防御机制来使人减轻压力、恢复平衡的自我调节过程，这是一种狭义的适应概念；三是对社会生活环境的适应，包括为了生存而使自己的行为符合社会要求的适应和努力改变环境以使自己能够获得更好发展的适应，这是社会适应的概念。

（二）心理适应的类型

关于适应的类型，可以依据不同的标准将其分为不同的类型：根据适应的效果，可以分为消极适应和积极适应；根据适应表现的方式，可以分为内部适应与外部适应；根据适应的内涵，可以分为狭义适应和广义适应等。

消极适应是个体改变自己的行为或态度以适合外部环境的要求，这是一种基本的、比较被动的适应方式，其作用只是求得一时的内心平衡；积极适应是主体充分发挥自身的主观能动性，尽最大可能去改变环境使之适合自己发展的需要，这是一种比较高级、比较主动的适应方式。在个体发展过程中，生存与发展之间存在着十分密切的、相辅相成的关联，因此这两种适应方式之间也存在着不可分割的联系。事实上，两种适应对人都有重要价值，首先要能够生存，然后才谈得到发展。生存是发展的基础，发展是生存的目的。但从个体适应能力形成的过程看，通常是要先学会生存适应，然后才能达到发展适应的水平。

内部适应是指达到心理上认知和情感上的平衡状态的适应；外部适应是指在行为上能够符合外部环境要求的适应。一般而论，可以认为，内部适应是外部适应的基础，外部适应是内部适应的外在表现，二者应该是一致的。但在某些特殊条件下，也存在不一致的情况。比如，有时候屈从于某种外部压力，为了避免更大的挫折，尽管内心并不情愿，但可能在行为上暂时遵从某种规范，表现为表面上的顺从或服从，这就是一种外部适应与内部适应不一致的情况。

狭义的适应是指在遭受心理挫折后人们采用自我防卫机制来减轻压力，恢复心理平衡的过程。广义的适应是指当外部环境发生变化时，主体通过自我调节系统做出有效反应，使自己的潜能得以充分发挥，使内外环境重新恢复平衡的心理过程。前者更多地表现为无意识的适应过程，具有一定的自发性；后者则主要表现为有意识的适应过程，带有更明显的自主性。在个体发展过程中，前者出现得较早，而后者出现得较晚。但是，随着个体心理成熟水平和思维水平的提高，后者的作用就会越来越大并逐渐占据主导地位。

在这里，对社会适应的概念要特别加以说明。社会适应是指个体对社会生活环境的适应。有人认为，社会适应是指"社会或文化倾向的转变，即人的认识、行为方式和价值观因为社会环境的变化而发生相应的变化"。从局部或具体的事件看，社会适应是个体社会行为的自我调节过程；而从个体发展的全过程看，社会适应实际上就是个体实现社会化的过程。从社会化的角度看，社会适应的内容应当包括：第一，对社会生活环境的适应，包括对不同生活条件与方式的适应；第二，对各种社会角色的适应，包括各种角色意识的形成以及对不同角色行为规范的掌握；第三，对社会活动的适应，包括各种活动规则的掌握和活动能力的形成，如学习、交往、工作、休闲等能力的形成与发展。联合国教科文组织提出的关于现代教育的四大支柱（即四项培养目标：学会做事、学会求知、学会与人共处、学会生存）所反映的都是社会适应方面的基本要求。有人认为，社会适应最重要的就是对人际交往和人际关系的适应。这一观点也有一定道理，因为不论从事哪个方面的活动，都离不开人际交往，都要同人打交道。生活也好，学习也好，工作也好，都是与人交往的过程，都要以良好的人际关系为基础。所以，善于与人相处，善于协调人际关系，是使生活美满、事业成功的重要保证。

心理适应与社会适应的关系十分密切。心理适应作为一种综合性的心理功能，是社会适应的心理基础。离开以同化、顺应以及其他一系列复杂的心理活动为基础的内化过程，个体社会化的实现是不可能的。反之，如果脱离开对社会环境的良好适应，那么心理适应本身也就失去了实际的意义。

二、适应的心理机制

皮亚杰认为，心理适应的内部机制就是同化与顺应的平衡。但只用同化和顺应这两个过程来说明适应似乎过于简单了些。在解释社会适应中一些复杂的适应过程时，有必要对其做出进一步的说明。结合认知心理学和社会心理学的有关理论，我们认为，心理适应的内部机制的模式从出现不适应现象到重新适应中间，一般要经历认知调节、态度转变和行为选择三个环节。

（一）认知调节

认知调节是适应过程的起始阶段，它包括外部评估和内部评估。

1. 外部评估

外部评估是认知调节的第一个阶段，指主体对变化了的外部环境及其对自身发展所具有的影响作用，进行全面了解并做出新的判断的过程。主要任务是确定外部环境中发生了哪些新变化，提出了哪些新要求，这些变化和要求对自身发展所具有的影响，在此基础上应能对发展中遇到的困难做出准确的判断，对新的角色期待形成正确的理解与把握。

2. 内部评估

内部评估是指主体在对外部变化做出正确判断的基础上，对自身内部状态进一步的了解与判断。实际上这是一种在自我监控系统的参与下，自我评价和自我意向重新调整的过程。具体包括对因外部变化引起的内部不平衡状态的估计，对不适应现象的归因分析，对已有经验的检索与比较，对原有行为方式应对效果的审视与判断等。

由外部评估到内部评估，这是认知调节发展的必然过程。在这一过程中，主体的理解力、判断力和自我评价的水平对认知调节的效果具有直接的影响。

(二) 态度转变

认知过程的变化必然会引起情绪体验的变化，同时也会导致行为意向发生相应的变化。当认知、情感和行为意向都发生了变化，就会引起态度的改变。态度的转变实际上是对动力系统和反应倾向的调节，这是适应新环境的变化、保持和恢复心理平衡的一种背景条件。

(三) 行为选择

行为选择实际上是一个比较与决策的过程，其核心是对原有行为方式的调整与改变。行为方式的重新选择是以认知的调节与态度的改变为基础的，受思维方式与态度倾向的直接制约。思维方式与态度倾向如果是积极的，那么主体的行为方式也会是积极的；思维方式与态度倾向如果是消极的，那么行为方式也会是消极的。

在这一过程中，同化与顺应这两种调节方式始终在发挥作用。

第二节　从中学到大学的变化

在英语中，大学一年级学生叫"freshman"，意思是新鲜人。一个"新"字，生动地反映了新生的特点。初来乍到，面临着生活上的自理、管理上的自治、目标上的自我选择、学习上的自觉、思想上的自我教育等一系列问题，心理和思想将发生急剧变化。迅速适应这一转变，顺利完成从高中到大学的过渡，是每一个大学新生独立面临的第一个人生课题。

"天才不是一生下来就是天才。"换一个角度讲，学生不是一走进大学校门就是合格的大学生，其间有一个适应过程。车子转弯的时候，一些人把握不好平衡会从车子上掉下去，所以为了避免掉下车，必须提前做准备。从中学到大学的过渡也是这样，必然会面临许多新变化，在这些新变化中，有些变化顺理成章，自然缓慢；有些变化则是急剧的，许多人可能不会较快地适应。只有在思想上和行为上适应环境的改变，才能更快地融入大学生活。

一、生活环境的变化

生活环境的变化体现在生活方式、生活范围等方面。

从生活方式看，中学阶段普遍是就近入学，吃住在家，拥有自己的独立空间。

即使是寄宿制的中学，学生离家也不太远，一般不会超出县城范围，一个月总可以回家一次。而大学生活则是完全的集体生活，住宿舍吃食堂，一切都靠自己处理。这种改变对缺乏独立生活能力的学生则是严峻的挑战。宿舍是大学生日常生活的重要居所。大一时，宿舍关系融洽、亲热，4人一室，按年龄大小进行排序，一个寝室的同学就像一个家庭的孩子一样，谁是大哥、大姐，谁是小弟、小妹，分得很清楚。舍友间平时的称呼，也不叫名字，而是以兄弟姐妹相称。宿舍门上贴着各种室名——"博雅斋"、"文轩亭"、"淑女屋"、"卧龙居"等，这是大学新生名副其实的"新家"。每夜临睡前都召开"卧谈会"，摆"龙门阵"，或谈家乡风情，或聊时尚人物，真是不亦乐乎。入学一个月左右，到国庆节临近的时候，盼望回家一趟，见见亲友同窗，说说自己在大学里经历的新鲜事。这种迫切回家的心情，有时候还带有一种或浓或淡的炫耀成分。食堂里几个舍友一起吃饭，互吃饭菜，也是常见的现象。

从生活范围看，中学时代的生活领域较窄，中心任务是好好学习、考大学，课余活动被压缩得很少，几近于没有。大学生活丰富多彩，学校都有种类繁多的社团，如果你有什么爱好和特长，可以加入这些社团，从中学到很多东西。各个社团都有自己的特点，都举办有特色的活动，如果你拿不准参加哪个，可以先找到自己感兴趣的社团，问问学长学姐以前组织的活动，再作决定吧！毕竟，大学里的社团太多，选择一个足够锻炼自己能力的足以。同时，各个学校在寒暑假都开展社会实践，可与系部建立大学生社会实践基地的外语翻译公司或者外资企业实习，从中提高自己对外语的运用能力和对社会现实的认识。

二、学习环境的变化

从紧张的中学阶段过渡到自由度较高的大学阶段，教学形式、学习内容、学习条件、学习方法等方面都发生了很大的变化。

教学形式不同。总的来讲，中学的"应试教育"以教师课堂教学为主，学生依赖教师和课本；大学教育的显著特点是在教师的指导下以自学为主，学生有更多的学习自主权。而且，大学上课换老师、换教室是再正常不过的事，上课同争议、下课各分散是常见的现象。不仅课上所学的内容要靠你自觉消化吸收，而且整个知识体系也要靠自己去架构、填充和完善。

学习内容不同。中学的内容重在打基础，不外乎语、数、外、理、化、政、史、地、生等十来门课。对一些天资聪慧的学生，这些课程的什么章节的什么内容，在哪个课本的哪一页都能牢牢记住。大学学习的内容特点是宽、深、新。"宽"指所学的课程门数比中学要多4～5倍，一般达到四五十门之多，涉及的领域十分广泛；"深"指内容比起中学要深得多；"新"指大学的学习要把握科技文化发展前沿的最新知识和最新成果。就拿我们的英语学习来说，除了要深入学习和掌握英语的听、说、读、写、译的相关知识，还要学习英语各个专业方向的知识，以增加知识的宽度，为就业增加砝码。

学习条件的转变。在中学，学生的学习内容主要是课本知识，基本上在课堂中进行，时间也安排得非常紧凑。大学阶段则不同，课程有选修、必修之分，学习场所有教室、多媒体教室、图书馆、资料室等。怎样合理安排时间，是对大学新生的一大考验。

学习方式不同。大一刚开始时，每个人都保持着较高的学习热情，早早起床占位，认真听课。尽管积极性很高，但学习方法衔接不上，不知怎样学习。学习上的不适应主要表现在：大学老师不如中学老师讲得详细，一节课讲几十页内容，还说进度太慢；上课听不懂，作业不会做，学习成绩总上不去，尤其是对精读和听力最感头疼；在多媒体教室中上课，拉上窗帘后一片漆黑，在内容枯燥、难懂的前提下，加上温度适宜，最容易做的事就是睡觉。

三、人际关系的变化

人际关系的变化主要体现在人际交往的对象、人际交往的要求等方面。从人际交往的对象看，中学时代的交往对象是父母、亲戚、同学、一起成长起来的伙伴、老师；但到了大学，来自不同地域的同学素昧平生，刚开始大家还不习惯说普通话，操着方言交流，有时候还会闹出很多笑话。生活在同一个宿舍的同学，脾气、习惯各不相同，常常难以适应，特别是由于生活习惯不同，同室而居可能会出现矛盾，如有的同学习惯早睡，有的同学则是越晚越精神，男生被称为"夜猫子"，女生被客气地称为"夜莺"。"白天不懂夜的黑——怎么别人就是不了解我？""热闹是他们的，我什么也没有。"身处集体之中，却感到孤独和寂寞。从人际交往的要求来看，中学时代有父母的照顾和强大的学习压力，心无旁骛，无暇他顾，对友谊和感情的渴望不那么强烈；进入大学后，没有了学习的重压，时间上又比较自由和宽裕，迫切希望走进社交场合，结交更多的朋友。在这种情况下，大学生的人际交往呈现出前所未有的开放态势。

四、自身角色地位的变化

1. 角色意识的改变，大学新生都有一个角色转换与适应的过程

成为大学生，这是客观事实，但相当一部分新生并没有真正认识到自己角色的转变，角色意识还停留在中学生这一层次。这种角色意识的滞后性，妨碍着新生对大学生活的适应。角色意识的转变关键是角色责任的转变，大学生的称号不仅仅是

一种文化层次的体现，更是一种神圣责任的象征

2. 角色位置的转变

从某种意义上说，能考上大学的学生在中学阶段大部分都是学习上的佼佼者，平时深得家长、老师和同学们的关注，通常都是生活中的中心人物。但是许多大学生一跨进大学校门便害怕起来，因为在大学里，几乎每个人都有着辉煌的过去，人人都是学习尖子，个个都是高手奇才，如果重新排定座次，就只有少数人能保持原来的中心地位和重要角色。大多数学生将从中心角色向普通角色转变，自我评价可能会受到不同程度的冲击。

在中学里面，学习成绩的好坏一直是学生自我评价的重要标准。然而，在"高手如云"的大学新班集体中，可能由于学习方法或是心理压力的问题，使大学新生原来的优势不复存在。尤其是在中学时代信心十足，但由于高考的发挥不理想，原本打算考一本或二本的学生，成绩不够线，只能退而求其次，进入三本学院学习，对于这部分学生来说心理落差较大。

这部分原来以学业成绩优秀而建立起自信心的大学新生，用原来的信念推论出"学习成绩不好个人价值就低"的结论，这一结论沉重地打击着他们的自尊心和自信心。许多人因此导致了失眠、神经衰弱和抑郁症。

其实，刚刚跨入校门的大学新生就像一名运动员，可能在省队里面是第一名，后来进了国家队可能变成第三、第四名了，但是能进国家队，本身就足以说明他是一个优秀的运动员了。所以，适当地降低对自己的期望值，接受"不完美"的自己，放松捆绑自己精神的绳索，你就会以开朗的心情投入大学生活，从而得到丰富多彩的人生感受。

3. 角色行为的改变

在大学里，评价人的标准并非是单一的学习成绩，能力特长更是在实际生活中衡量一个人素质水平的重要因素，并且后者占有愈来愈重要的比例。比如一个大学生知识面很宽，或者社会交往能力很强，或者能歌善舞，或者有体育专长，这些都有助于大学生找到自己在角色转变后的位置。

第三节　大学生适应问题的表现与对策

一、习惯型不适应与调适

走进大学，就等于走进一个全新的环境，许多不适应也会接踵而来。如今有相

当一批"90后"独生子女加入到新大学生的队伍中，他们一方面个性独立且对未来充满自信，另一方面还是对父母很依赖。而上大学就等于独自步入一个新环境，对这些孩子来说是一次挑战，必须从心理上调试自己，尽早适应大学生活。

要正视"新生综合征"，加强心理疏导。（1）独立生活却成"月光族"。独立生活，自己给自己当家，这是新生们盼望已久的生活。然而，从以往的新生经历中发现，由于从来都是父母打理孩子的日常生活，一些大手大脚的新生难免成为"月光族"，最后只好伸手向家长要、向同学借。可见，理财是新生们开始独立生活的第一道关卡。（2）学习进取目标进入"理想间歇期"。不少学生很早就确立了"考大学"的目标，这一目标是始终明确的，而且动力充足。进入大学后，同学们的选择不再像高中时那么整齐划一、价值观、人生目标开始多元化，有的同学对所学的专业还不甚了解，缺少目标和动力，"以为进了自由的大学就像进了天堂"，这时候很容易失去学习的方向。（3）集体生活让不少人"束手无策"。进入大学后，新生们开始了集体生活。许多独生子女住进多人间的宿舍里，不知该如何与人打交道，时常独来独往，直到大一结束时，班里有些同学还不认识。如何与有着不同文化背景、生活习惯的同学相处，已成为新生最困惑的问题。

打造全新的生活，采取各种有效措施，尽早完成大学生角色的转变。

（1）提前计划，学会节制花钱。"爸妈给的生活费并不多，可我每次都能够用。"这是一名同学对辅导员老师说的。她花钱的窍门是：每月先把饭卡充足，这样吃饭就不成问题了，同时把每月大笔的消费清单记录下来，了解每一笔大额支出，精打细算，这就克制了自己的消费欲望，也学会了节俭。

（2）自觉学习，规划人生目标。"与中学时代截然不同，大学里没有人随时随地督促你学习，人生规划要由自己来决定。"大学的学习与中学有很大差别，老师很少布置作业，课堂也不像中学时那样紧凑，很多问题需要学生自己在图书馆查阅资料。建议新生们多与高年级的师兄师姐沟通、学习，吸取他们成长的体会和经验。同时，大学生涯是进入社会的前奏，新生们不要沉溺于玩乐，要发现自己的兴趣并增长自己的学识，尝试给自己一个明确的定位和职业规划，这样奋斗才有动力。

（3）宽容谦让，迅速融入新环境。每个人的长短处各不相同，本着"求大同存小异"的原则，学习别人的优点，包容别人的缺点，你就会得到很多的朋友。尽管现在社会竞争激烈，利益冲突增多，然而无论什么时候，那些不过分计较自己，多为别人着想的人，总会受到大家的尊重和喜爱。

二、情感型不适应与调适

大学新生，在情感上存在一个从对家庭、父母的依赖到对立情感的建立过程。

他们最大的困难之一就是想家、想念父母，特别是在遇到困难时。对家、对父母的情感依赖是稳定的、可靠的，踏实的。霍尔姆兹（Holmes）和瑞赫（Rah）编制的生活事件表中指出，重要人际关系的丧失对心理健康的影响巨大，比如丧偶、离婚、子女离家等。在人的一生中的每个特定阶段，重要丧失的内容是有所不同的。即使在大学时期，入学之前与后期也是有着较大差别的。大学新生最重要的丧失是丧失了对家庭的完整依赖。从事事由大人做主到常常要自己拿主意，包括选什么课，买哪种牌子的牙膏，胃痛时吃什么药等，在最需要大人帮助时往往得不到及时的帮助，这使得初次离家者顿生无助之感。所以，周六的时候常有女生流着泪给父母写信，男生在中秋节的晚上独自望月沉默无语。近几年的报道中就有不少大学生因无法独立生活而退学回家的事例。的确，家庭是一个人最重要的社会关系，在依赖了十几年后一下子断开直接的频繁的联系，是会给心理造成一些影响的，对于那些在家庭中接受独立训练较多的学生，这个时期的困难及问题解决起来就较容易些。

中学时代许多人都结交了非常要好的朋友，这种友谊是人的青春时代重要的精神支柱和财富，是影响心理健康发展的一个外在因素。有许多问题不能讲给家长和老师，但可以说给朋友。但升学使多数好朋友各分东西、身处异地，新的环境中又难以短时间内觅到挚友。一旦遇到困难，受到挫折，就油然而生孤独感和失落感，这也是大学一、二年级学生通信数量极大的一个原因，他们以通信的方式交流思想和感受，维持友谊，以获得心理上必要的支持和帮助。

正确运用心理自卫机制，可以化解由适应不良引起的心理不适。比如，运用"合理宣泄"，把个人忧虑、烦恼和不平向自己信任的老师、同学、朋友宣泄一番，可以减轻心理压力。恰当的"自我安慰"，可以缓解心理冲突。"转移"，能使你避开引起自己不良情绪的人、事和环境，把情绪转移到新鲜的事情上。"升华"与补偿，是让自己的原有冲动和欲望导向更加合理的方面，使你奋发图强，创造人生新的价值。只要你相信，你是自己心理的主人，你就能成为自己的心理医生。

三、压力型不适应与调适

心理压力感是指人们在日常生活中经历的各种生活事件、突然的创伤性体验、慢性紧张（工作压力、家庭关系紧张）等导致的一种心理紧张状态。大量研究表明，适度的身心紧张状态对有机体适应环境、应对问题是有利的。但如果紧张反应过于强烈、持久，超过了机体自身的调节和控制能力，就可能导致心理和生理功能的紊乱而致病。

大学生处于青春前期，这是一个人一生中心理发展变化最活跃的时期，也是一个人心理矛盾和心理压力的多发期。导致大学生产生心理压力的原因很多：一方面与他们当前所处的竞争激烈的社会环境有关。例如，上大学经济费用的攀升、学业竞争压力的沉重和就业前景的艰难给大学生带来的心理冲击比任何一个时代都要强烈。另一方面与其所处年龄阶段的身心发展特点有关。我国的教育体制往往导致大学生入学前的生活经历单纯、缺乏挫折承受能力、依赖性强和意志力较差。在进入大学后，他们面对环境的突然变化所带来的各种压力缺乏自我调节和应对能力，这就使得其中的一些人很容易产生焦虑、抑郁、烦躁和失眠等身心症状。大学生面对各种压力所产生的内心矛盾和冲突，正是引发种种不良心理反应，导致心理问题和心理障碍发生率高的主要原因。

（一）情绪方面

在压力面前，当代大学生的情绪反应多表现为不稳定和不成熟，具有两极性和矛盾性，主要体现在三个方面：一是他们对事物的认知还不稳定、不完整，情绪易失去控制，好走极端，因此在压力面前容易发生矛盾和情绪摇摆不定；二是他们的自我意识正在觉醒，但现实自我和理想自我的不一致常常会引发矛盾；三是由于他们内在的日益增长变化的需求与现实满足要求的可能性之间是非线性关系，使他们在压力面前表现为情绪忽高忽低，激烈多变，外在特征便是忧郁、倦怠和焦虑等。

（二）行为方面

处于心理过渡时期的当代大学生，其行为表现既有少儿时期残留下来的天真幼稚，又有成年时期的深思熟虑。而两性情感的介入更使他们在压力面前有各种行为的变化，这些变化取决于压力的程度、个体的特质环境的改变。轻度压力可以导致正向的行为适应，但是压力若常久不被解决，则会随着时间的累积而加重，引起不良的行为反应。如注意力减退、缺乏耐心、容易烦躁、学习效率降低。许多大学生在面对学习和生活环境中的种种问题时，因处理不当而陷入焦虑、失望和困惑之中，严重者表现出行为过激或异常。

（三）认知方面

当个体察觉某一压力源具有威胁性时，在认知方面的功能就会受到影响。一般而言，适度的压力能集中注意、激发斗志、促进思考。但当压力超过个体承受能力时，认知效能便会降低。当代大学生大部分是在顺境中长大，缺乏生活经验，缺乏对人生观、价值观、世界观的正确认识，适应能力相对较差。尤其是受到社会转型期各种人生观、价值观、世界观相互碰撞的影响，在过度的压力面前容易导致认知障碍，产生种种困惑和错误的观念。这种消极的负面反应反过来又"放大"了心理压力，造成恶性循环，甚至导致心理危机。

心理学研究表明，心理应对方式可以概括为三种不同模式：主动认知模式、主动行为模式和回避应对模式。主动认知模式表现为：从有利方面看待压力，回忆和吸取过去的经验，考虑多种变通方法等。主动行为模式表现为：不等待而采取积极行动，做有益于事态发展的事情。回避应对模式表现为：封闭情感，自我忍受，这种模式是一种消极模式。主动认知模式和主动行为模式能缓和压力所造成的不良影响，而回避应对模式则可以加重压力造成的不良影响。我们认为主动认知模式和主动行为模式应作为当代大学生面对压力时的应对方式。学生们鉴于自己的阅历和生活经验及其认知态度等方面的原因，面临压力特别是过度压力时往往不容易采取这些理智型的应对方式。因此，应引导和帮助他们学会用主动的态度和积极的行为来对待各种压力，不断提高自我心理调适能力。面对压力不能逃避，要学会驾驭。要对压力有明确的认识和接受的态度，认识到压力及其反应是人人都会体验到的正常心理现象。如学习压力是大学生普遍的心理现象，要采取主动应对模式。面对就业压力，不是消极等待、怨天尤人，而是主动参与竞争。要主动寻求社会支持，如从父母、同学、老师那里获得帮助等。要学会调解情绪、控制情绪。正确认识社会转型时期的趋势和特点，确定合适自己的发展目标，实现对压力情境的控制。要学会运用积极的认知模式来对待压力，辩证地看待压力。既要看到压力给人带来不利的一面，也要看到压力有利的一面，振奋精神、增强自信心，在压力中学会调整自己的行为。

四、不满型不适应与调适

家长把孩子送进了大学，想象着他们将来毕业、工作、成家立业，就松了一口气。但孩子们却对这样的生活表现出了如此多的不——不满意、不适应、不知道。

一家门户网站教育频道做了一份 2009 级大学新生月度跟踪调查，调查结果告诉我们：有 35% 的本科生对大学表示不满意，对于 48 类专业的满意度无一超过 50%，个别专业的满意度甚至低于 10%。

除了对专业的不满意，学生们说，体会最多的就是面对独立生活的无知。是的，这种凌乱的寝室景象你一定不陌生：堆成小山的衣服，或者试图洗干净但依旧隐约看见油渍的衬衫。

我就曾撞见过这样有趣的一幕，新生报到的时候，一个家庭六七个亲属大包小箩地送孩子来校，实在令人难忘。

就像我院"2009 级大学新生月度跟踪调查"中显示的：如今的大学新生们普遍反映，迈入新的社会后他们不满意、他们不适应、他们不知道，而在所有的不满意、不适应、不知道中，屈居首位的便是那微妙的人际关系。

有不少专业任课教师和辅导员谈到自己的学生时说："看看现在的孩子，真是搞不懂，出来什么也不会，还天天宣扬什么个性，跟别人处不来就是有个性?"其实，如果我们细细想来，之所以大学新生们会出现上述的"三不"是有原因的，可以归结到他们的四种心理。

首先是"间歇性"心理。在我国的教育体系中，高考是一个极其明显的转折点。为了这个标志性的考试，无数的学生以及他们的家长在前面12年甚至更长的时间里铆足了劲地奔波，各式各样的练习题、补习班充斥着孩子的生活，而一旦考上大学，便解放了——这便引发了间歇心理。经过多年长跑，孩子们获得了许多知识，然而他们的心理能量却严重透支。他们想要尽快逃离老师和家长的约束和唠叨，想尽情上网、玩游戏、看电影，想去逛街、打球，无拘无束。由于心理彻底放松，又离开了父母的约束，喘喘气、歇歇脚的想法深植心中，学习上无动力，行为上也提不起劲。

其次是茫然心理。如果你去大学新生中问一圈"你打算做什么？"，"你上了大学是为了什么？"，我想很多人无法给你一个明确的答案，或者仅仅是一个模糊的方向。

来自德国的支教老师卢安克说过："中国的教育变得只是为了满足一种被社会承认的标准，而似乎不是为了小孩。小孩在满足这个标准的过程中，脱离了他的天性，脱离了他的生活。在这里教育难道只是为了获胜？我不想继续跟学生一起奔跑着参加这场竞赛——这场一直匆忙地奔跑着，最后自己都不知道跑的路是不是属于自己的竞赛。"

在高中时我们之所以努力奋斗，是因为家长和老师将高考作为了我们生存的唯一标准，所有人都是明确地知道自己的方向的——几本的线，多少分。而来到了大学，没有人再盯着你写作业，没有人再作为指挥棒告诉你下一步怎么去做，他们便失去了生活的方向，茫然起来。其实他们都是非常好的苗子，聪明领悟力强，有能力有干劲，然而他们就是不知道路在哪里。他们习惯了别人为自己铺好石板、指好方向，犹如看到飞盘的灵犬一般可以迅速完成任务，却不知道自己为何要这么做，只知道它得到的命令就是如此。

再次，落差心理。"成王败寇"的思想是我们的特色。在高中的时候，我们的标准很单一，主要就是成绩，在很多人眼中成绩好就是好孩子。而进入大学，进入这个人数更多、更加多元化的小社会后，我们的标准不仅仅只有成绩，这样的变化颠覆了新生们的认知体系。每个人无法登上每一项金字塔塔尖，许多原来地方的精英，从小到大回回拿一百分又多才多艺的孩子，进入全国性的人才圈后变得那么普通。还有一些家庭贫困的孩子看到了更加缤纷的社会，看到别人手中潮流的新品而感到自卑。这种人生的重新洗牌，便使许多新生产生了落差心理。

除了迷茫落差和间歇的心理，其实我们每个人都有一层怀旧心理。当今的大学生一般都是独生子女，他们拥有极其强烈的独立意识，追求个性化的个人本位思想严重，往往在集体生活中容易表现出格格不入，唯我独尊。加之大学生活远离父母、亲友，如果在之前的家庭生活中又缺乏生活自理能力和人际交往能力，习惯于依赖家庭，这部分学生就会产生怀旧心理。

正是在面临人生新的改变时容易出现这样或那样的心里想法，新生们便容易滋生困惑，但学会面对这些困惑也正是每个大一新生步入学校后所要经历的新的人生课程。

其实越来越多的大学已经注意到了新生的问题，因此绝大多数学校也都设置了一些新生教育课程。但是面对这样的人生转折，我们每个人还是应该以自我的力量进行调适。不仅仅是大学新生，对很多刚刚走进社会的青年来讲其实都是一样的。当我们从一个习惯了的环境中迈出脚步，步入一个新的环境中时，如果培养好自己适应环境的能力，那你就会赢在起跑线上。不要去抱怨别人没有给你什么，你要去想怎么才能获得。除此之外，积极乐观的心态也是极其重要的，每个人都应该树立良好的人生观，辨识自我，找到真正属于自己的那条路、那个目标。以每一次新的开始作为新的挑战，而不仅仅是上一次的结束。积极的自我调适，向着梦想追风前行。

而作为育人摇篮的学校，仅仅关注是不够的。在关注学生学习成绩、培养学生专业能力的同时，也要给予他们人生的教育，完善中等教育的不足，将我国传统的因材施教的优秀思想继续发扬，根据学生实际特点进行调剂，真正地做到以学生为中心，一切为了学生。

当然家庭的支持和教育、学长学姐以及同伴朋友间相互的调节处理都可以帮助大一新生们——社会未来的主人及时地走出迷茫，及时地找到自己。但愿社会各界的共同努力，让以后的学生们少有如此多的困惑与无奈。

五、特殊群体的心理不适应

什么人是大学生中的特殊群体？学术界一种普通的观点认为，特殊群体特指生存发展能力相对较弱的那一部分学生，即在资源分配上具有经济利益的贫困性、生活质量的低层次性、心理承受力的脆弱性、综合素质及竞争实力的不确定性等方面，存在一方面或几方面问题的非正式群体。这些学生往往是心理问题的高发人群。特别是随着连续几年高校大扩招后，大学生中的这部分群体变得越来越庞大。大学生中的特殊群体的出现以及由此所引发的许多问题，不仅给学生本人的健康成才带来困扰，还给家庭、学校和社会造成了许多消极影响，甚至已关系到高校安全稳定和社会和谐发展，成为整个社会关注的一个焦点。如何保障大学生特殊群体生存与发展的权益，不仅是学术界讨论的问题和全社会关注的焦点，更应成为高校思想政治工作及高校稳定工作的方向和指导方针。

生理特殊学生在躯体化症状、人际敏感、敌意等方面与正常大学生显示出显著性差异。这些在生理上有缺陷的残疾学生，日常交际中处于被动地位，常生活在一个自我封闭或半封闭状态中；由于生理上的特殊，很自然地就会感受到其他同学的偏见、歧视，这种认知导致强烈的孤立感，也容易将自己归属于特殊群体这一类。

心理疾患学生由于患有各种精神疾病，常表现出悲观绝望、无助空虚等病态心理，对自身扮演的角色缺乏正确的判断、感知缺损、判断失误、选择错位、思路混乱等。

经济拮据学生在人际敏感、焦虑方面有显著性差异。时常为经济所困扰的大学生，长期处于抑郁寡欢的不良心境状态中，如缺乏自我调节情绪的能力，就会造成精神上的压抑。

就业困难学生抑郁、焦虑及精神病性的程度较高。大学生在就业问题上遇到的障碍越来越多，从而缺乏自信心而产生挫折感，他们的问题与其他四类学生的问题有着某种相关性。

学业困难的留级生抑郁、焦虑、恐惧的表现较强。这部分学生学习方法不当，学习压力大，担心被淘汰出局，在现实生活中往往表现出不合群、嫉恨他人，不愿参加集体活动。

从特殊群体的心理健康现状而言，尽管也有一些学生能面对现实，顽强拼搏，最终成为生活的强者，但从整体而言，大学生特殊群体的心理健康状况较差，这是一个客观存在。一个人生存的劣势，往往又成为他们平衡内心矛盾和痛苦的条件，这种内心的冲突在两种路径上寻找出路：其一，指向自身，希望通过外在的影响和内在的调试逐渐消解，一旦化解无效且这种痛苦和矛盾积累到突破可承受的心理底线，就易造成破罐子破摔的状况，甚至自杀；其二，指向外界，对外界进行宣泄，释放内心的痛苦，造成对他人、对社会的危害，如马加爵事件等。当然，有些影响不会立即就显露出来，但这些学生带着心理情结走向社会，在相当时间内既无益于自身发展，也无益于社会。例如就业困难生，找不到工作就会成为待业青年，游荡于社会，对社会来说无疑是一种负担。

为此，面对目前大学生中不断增多的特殊群体，学校要做到防范和救助两手抓，建立主动介入的救助机制。首先是要提高教职员工的整体素质，这是防范大学生中特殊群体扩大或对其进行有效转化的重要保证。在全校教职员工中开展心理学、法律常识和社会工作的学习活动，是提高防范和救助能力的重要手段；对于一些窗口行业，比如直接与学生打交道的后勤服务部门的员工，要求他们懂得尊重同学们的个性与权利，减少学生心理冲突。

其次，努力建设和谐进步的校园文化，为防范和转化特殊群体创造必要的环境。高校要确立以学生为中心、以学生为本的教育理念，营造和谐进步的校园文化环境，让学生在良好的精神环境和文化环境中健全人格，增强素质。

第三，建立健全资助体系与救助机制，帮助经济困难学生解决实际问题。通过内部挖潜，向外拓展，建立奖、贷、助、补、减五个方面的资助体系，将奖励与救助相结合，学校帮助与学生自助相结合，逐步建立以学生自助为主、资助为辅的救助机制。

第四，自助与教育相结合，加强心理健康教育。高校应注意研究现代学生的心理规律和心理变化，在此基础上着力构建新的心理健康教育模式，立足正面教育，树立正确的人生观、价值观，培养学生具备适应环境和心理调控的能力，普及心理卫生知识，指导学生进行必要的心理训练，提高整体心理素质，增强抗震荡风险的心理承受力和自我调适能力，这是治本之策。

第五，加强危机干预，及时对特殊群体学生进行有效干预。要做好这项工作，首先应完善机构，建立由校领导和各有关方面人员组成的危机干预机构，统一协调处理学生的出走、自杀、暴力或其他突发事件；建立信息通报制度，由专业工作者组成值班小组，以便对处于危机状态的学生实行救助；密切关注特殊群体，针对诱发他们心理问题产生的种种不良因素，及时采取积极有效的措施，消除或淡化负性应激源。

【学习与思考】

1. 适应的心理形成过程是怎样的？

2. 从中学到大学，大学新生面临哪些环境的变化？并针对变化做好哪些方面的准备？

3. 结合专业和自己的实际情况，谈谈自己应该如何适应大学生活，并在大学期间渡过青春无悔的大学时光。

第三章　大学生的自我意识

个体的自我意识从童年期开始萌芽，到少年期逐渐清晰，在青年期发展成熟。大学生正处于这样一个自我意识成熟的关键期，要经历自我意识从分化、矛盾到趋向统一的过程。这一过程与大学生适应新环境、调整生活方向、规划未来人生道路的过程交织在一起，对他们的成长与发展起着至关重要的作用。

一生当中，大学时期是建立自我意识的重要时期，作为培养应用型、复合型人才的独立学院，大学生应更关注自己的内心世界，正确地认识自我、评价自我和调控自我。本章从大学生自我意识的含义及心理功能，大学生自我意识的独特性，如何正确认识自我，如何健全自我意识等方面作了介绍，以期有利于大学生形成良好的自我意识，进一步树立信心，勇敢面对社会的挑战和竞争。

第一节　大学生自我意识的重要性

一、自我意识的含义和心理功能

心理学研究表明，我们的烦恼和痛苦都不是因为事情本身，而是因为我们加在这些事情上面的观念。意识本身可以把地狱造成天堂，也能把天堂折腾成地狱。大学生自我意识得到越来越多人的重视与关注，正确认识自我是大学生自我发展的最重要的前提。每天早晨，我对自己说："每天的太阳都是新的，每天的自我都是新的，我们缺少的并不是前进的动力，而是摆脱昨天阴影的力量，你不能轻装是因为你习惯向后看，请转过身吧，走过去前面是个天，你会发现一个全新的自我真好！"

进入专业外语学院学习的学生，都会思考"如何积累词汇？""如何才能学好外语？""学外语最后有出路不？"等问题。当我们再问一个简单的问题：请你向别人推介你自己时，你首先想到的特征是什么？是你的性格特征，如活泼、内向，还是外表特征，如高、矮、胖、瘦？还是出色的社会工作，优异的口语表达？事实上，你可能更倾向于用概括性的语言对自己做一个总体评价。如"我是一个勤奋好学的大学生"，"我是一个头脑有思想，脸上有精神，但有些懒惰，自制力弱的人"等。所有这一切，都是大学生自我意识的真实体现。

（一）自我意识的含义

自我意识也称自我，是个体意识发展的高级阶段。早在古希腊时期，哲人苏格拉底就提出了"认识你自己"，这标志着人类自我意识的觉醒，人类开始关注现实人生，开始将目光从神的光彩投身人类自身。人类对自我意识的真正研究始于文艺复兴运动，此后法国哲学家笛卡尔最先使用了"自我意识"这一概念，提出了"用心灵的眼睛去注意自身"的精辟论断，揭示了对自我意识的发现的途径。笛卡尔之后，有关自我的研究开始得到空前的发展。

自我是心理学的重要内容。精神分析学派创始人弗洛伊德提出了"自我的三结构说"，即本我（id）、自我（ego）和超我（superego），从人格的三个维度上研究自我的发展。意识是人脑对客观事物的主观反映，意识既是心理学研究的重点，也是难点。与意识相对应的是"潜意识"，弗洛伊德曾用冰山来比喻。意识只是冰山浮出水面的尖峰，而潜意识则是潜藏于海底的冰体，其蕴藏深厚，但不被看到。在他的理论中强调了潜意识对人发展的重要性。

美国心理学家詹姆斯（W. James）提出，凡属于我或与我有关的事物都是自我的内容，如身体、品质、能力、愿望、家庭等，自我从物质自我、精神自我和社会自我三个层次起作用。

社会心理学家库利（C. H. Cooley）指出：自我是一面镜子，它从别人那里反映自己的行为，自我是经历无数次他人评价而形成的社会产物。而米德（G. H. Mead）则认为：自我分为主体我（I）和客体我（Me），主体我代表每个人的自然特性，而客体我代表自我社会的一面；主体我先于客体我形成，客体我形成需要很长时间。自我意识的发展包含主体我与客体我不断对话。

自我意识（Self－consciousness）是意识的核心部分，就是对"自我的认知"，或者说自己对自己的认知。它包含自我认知、自我评价和自我控制。

综上所述，自我意识是个体对自己的各种身心状态的认识、体验和评价，以及对自己与周围环境之间关系的认识、体验和评价。它具有目的性、社会性、能动性等特点，对个体的人格形成、发展起着调节、监控、矫正的作用。

（二）自我意识的心理功能

1. 决定个体行为的持续性与合目标性

人是社会的动物，人的行为既受诸多社会因素决定，又在很大程度上与自己的自我意识有着很大的关系。每个人的现实行为并不单是由其所在的情境决定的，它与对自我的认知、自我意识有着密切的联系。那些自我意识积极的学生，其成就动机和学习投入及学习成绩明显优于那些自我意识消极的学生。当学生认为自己声名不佳时，他们会放松对自己行为的约束。可以说，个人怎样理解自己，是保证个体如何行为及以何种方式行为的重要前提。

2．决定个体对经验的解释

不同的人可能会获得完全相同的经验，但每个人对这种经验的解释却可能有很大的不同。解释经验的方式决定于一个人的自我意识。一个自认为能力一般、只获得平均成绩的学生，认为取得比较好的成绩是取得了极大的成功，会感到十分满足；而对于同样的成绩，一个自认为能力优秀、应当获得出众成绩的学生，会认为是遭到了很大的失败，并体会到极大的挫折。事实证明，当个人的既有自我意识消极时，每一种经验都会与消极的自我评价联系在一起；自我概念是积极的，每一种经验都可能被赋予积极的含义。

3．影响个体的期望水平

自我意识不仅影响到个体现实的行为方式和个体对过去经验的解释，而且还影响到个体对未来事情发生的期待。这是因为，个体对自己的期望是在自我意识的基础上发展起来的，并与自我意识相一致，其后继的行为也决定于自我意识的性质。研究发现，差生的成绩落后并不是孤立存在的，而是他的整个行为动力系统都出现了角色偏离的结果。成绩长期落后对于普通学生是不正常的，但对于差生，由于他们的整个行为动力系统都出现了偏离，并在偏离的状况下形成了一个新的自相一致的系统，因而在系统内部一切都正常。换言之，落后的学习成绩正是差生自己"期待"的结果。

二、大学生自我意识的独特性

成年时期自我的形成，是经过整个青年期的分化、整合过程之后最终完成的。影响这一过程的因素，包括自小积累的经验，对他人的态度及来自他人的评价，独立的意识及自身在社会中的作用、地位与身份等。在这一过程中，大学生是处在身心发展的关键期，更是自我意识发展的关键期。个体在生理、认识、情感等各方面的深刻变化，如性的成熟、思维与想象能力的发展，感受力的提高，使他们开始把关注的重点转向自身内部，开始去发现、体现自己的内心世界，并迫切要求形成自己独特的个性与独特的理解方式。

个体在青年期逐渐累积的生活经验也直接影响着自我意识的发展，特别是"成功"与"失败"的经验，对自我的形成与自我意识的发展的影响力更为巨大，随着经验的扩大，成功和失败的经验也随之增多，通过自己对这些经验的再评价，个体可以修正自我意识。

对处于青年期的个体而言，来自他人的评价直接对自我意识的修正、自我的形成也产生着积极的作用。自我意识尚未确定的青年，往往对他人的评价更为敏感，他们往往通过他人对自己的态度、评价来认识并确认自我的存在价值。

大学时代正处于青年中期，或者说大学时代的青年正处于"延缓偿付期"，在初中、高中阶段，个体常常被紧张的学习、考试所驱使，没有什么时间考虑自己的人生，只有进入大学，才能真正专心地考虑自我、探索自我和确立自我这一课题。这是因为：

（1）这个时期的自我被称为人生的第二次诞生，它包含着四个层次的含义：一是疾风怒潮期到"相对平稳"，二是边缘人地位，三是人格的再形成，四是人生价值观的形成。

（2）这个时期的人际关系表现为友情与孤独、性意识的发展及恋爱结婚，对父母的矛盾情感。

（3）这个时期心理的两极性。一是意志与行动的两极性；二是人际关系的两极性；三是日记中表现的两极性；四是闭锁性与开放性。

总体而言，大学生对自我的关注可以归纳为以下三点：一是由于身体成熟，他们开始注意、关心自己的身体、内驱力及内部欲求；二是由于人际关系的扩展，他们将自己的内在能力与他人进行比较，从而对自己的素质、天赋等问题进行关心；三是由于认识能力的发展，他们开始对自己行动的原因、结果以及自己的存在价值和人生意义进行思考。大学生自我意识的发展、自我明显的分化，意味着自我矛盾冲突的加剧，其结果便造成在新的水平和方向上达到协调一致，即自我统一。

与同龄群体相比，由于大学生的生活阅历与学习特点决定了大学生自我意识的独特性，主要表现在以下三个方面：

1. 时间上的"延缓偿付期"

埃里克森将青少年期称为心理延缓偿付期。心理延缓偿付是允许还没有准备好承担社会义务的年轻人有一段拖延的时期，或者强迫某些人给予自己一些时间。因此，我们讨论的心理延缓偿付期，乃是指对成人承担义务的延缓，然而它又不仅仅是一种延缓。作为大学生可以利用这一段时间，触及各种人生、思想、价值观，尝试着进行选择，经过多次尝试、反复循环，从而决定自己的人生观、价值观和职业理想，确立自我同一性，最终融入社会，进而适应社会。

大学并非人生必经时期，对大学生而言，思想上的独立与经济上的依赖、生理上的成熟与心理社会性成熟的滞后存在着深刻的矛盾。从年龄上看，大学生到了应该自立的、独立承担社会责任的时候，但校园相对单纯的学习生活又使他们应当承担的社会责任从时间上向后延续。这种社会责任的向后延续使学生们处于"准成人"

状态。这样也为大学生广泛、深入、细致地思考自我提供了时间上的现实可能性。值得重视的是：大学生现实的责任感的后移并非减轻了他们心理上的压力，特别是对于家庭经济困难学生。很多学生想到一直操劳而异常节俭的父母，本应当挑起家庭的重担，为父母分忧解难，却还要花父母的血汗钱，觉得非常难过，感到很不忍心，一种负罪感油然而生。

2. 空间上的"自主性"

象牙塔为学生提供了一个多元文化背景下的学习环境，特别是网络为学生提供了无限广阔的平等自由的学习与交流空间。而东西方文化的交融与发展更为大学生自我意识的发展提供了客观条件。但这种影响是双重的：一方面，大学生来自不同的家庭背景、不同的地域文化，有着不同的人生追求，在共同的学习生活中，大家互相影响、互相包容，在这种互动的环境中逐渐形成自己的价值观念，特别是在心灵的沟通与碰撞中建立与尝试新的自我；另一方面，大学生在多种价值体系、多种文化的冲撞面前，原来建立的价值体系、自我观念会受到强烈的冲击，这种冲击甚至会使大学生怀疑自己。特别是大学新生，从原来的环境进入新的环境中，原有的自我价值体系在重建中需要较高的反思能力与自我控制能力，"我是优秀的"可能被期末考试的"挂科"击落得一无是处。这时，调整与反思自我便显得非常重要。

3. 自我意识发展的"不平衡性"

大学生生理、心理与社会自我的发展并非平稳如河川。大学生的主观自我与他观自我往往表现出不一致性，特别是大学高年级学生，一直处于较高的自我意识水平，但随后到来的人才市场职业选择使他们长期建立的"高自我意识"与"自我概念"变得摇摇欲坠。一位毕业生说道："长期以来，一直心存优越感，尽管从多种渠道了解到大学生已不再是天之骄子，但在就业市场上的冷遇还是受不了。"高主观自我与他观自我的不平衡，生理、心理与社会自我发展的不平衡都直接影响大学生自我意识发展的水平。造成这种不平衡的主要原因有：一是大学生的人生观、世界观尚在形成与健全之中，对自我的认识易受环境的影响；二是大学生自我概念仍在不断的发展变化之中，大一新生到毕业生的自我概念并不一致，只有到大学毕业才能在不断的变化与调整及社会的需求中建立自己的自我概念；三是经历高考，大学生真正开始痛苦的"心理断乳"，适应新环境、新的人际关系必然带来发展着的自我意识与自我概念的不平衡。

第二节 认识自我

一、大学生自我意识的内容

自我意识可以从不同的角度进行分析，从知、情、意可分为"自我认知、自我体验、自我控制"，从自我本身可分为"生理自我、社会自我与心理自我"，详见下表所示。

	自我认知	自我评价
生理自我	对自己身体、外貌、衣着、风度、所有物等的认识	英俊、漂亮、有吸引力、迷人、自我悦纳
社会自我	对自己的名望、地位、角色、性别、义务、责任、力量的认识	自尊、自信、自爱、自豪、自卑、自怜、自恋
心理自我	对自己的智力、性格、气质、兴趣、能力、记忆、思维等特点的认识	有能力、聪明、优雅、敏感、迟钝、感情丰富、细腻

（一）知、情、意的自我意识

1. 自我认知

自我认知是主观自我对客观自我的评价，包括自我感觉、自我观察、自我印象、自我分析、自我评价等，它解决"我是一个什么样的人"的问题。自我认知层面上还包含现实自我与理想自我的冲突。特别是青年大学生，他们的理想自我一般都比较完美，高于现实自我，在实际中就会出现对现实自我的不满意、自卑，甚至自弃。一名沉溺于网络的大学生曾经这样写道："我的理想是做一个有抱负、有成就、成功、非凡的人，在大学要为我将来的成就奠定基础，我的理想自我是一个优秀大学生，可在现实中，我却发现自己意志薄弱、缺乏奋斗精神，而且比较懒散，约束不好自己。当我第一次为上网逃课时，我对自己说：仅这一次，但每次的决心都在网络巨大的诱惑面前败下阵来。我越来越觉得现实自我距离理想自我越来遥远，甚至有时都不敢正视自己。"大学生的自我认知以真实自我为轴心上下摆动，当取得一点成绩时，它便显示出自负的一面；而当遇到挫折时，它便表示出自卑的否定性评价。这都是大学生自我认知中客观存在的。

进行客观、正确的自我评价是一个复杂、毕生的功课，因为人的自我发展也是一个连续的终生的过程，对自我的认识是人类永恒的话题。

2. 自我体验

自我体验是主观自我对客观自我产生的情绪体验，是在自我认知基础之上产生的。自我认知决定自我体验，而自我体验又强化着自我认知，主要集中在"能否悦纳自己"、"对自我是否满意"等方面。自我体验的内容十分丰富，可以包括义务感、责任感、优越感、荣誉感、羞耻感等。

在传统的教育中，我们对自我体验的重视与强化不够。事实上，自我体验对成长中的个体而言，具有不可替代的重要作用。有时，同样的事件，他人的体验与自身的体验截然不同。很多从体验中获得的自我体验远远高于从理性获得的体验。这是一个学生在盲行体验后写的体会："我是一个失去母亲的人。从母亲离开我的那一刻，我总是想命运对我不公平，假如慈爱我的母亲还在，我会有更加灿烂的明天，我会活得更加快乐。可命运就像跟我开了一个天大的玩笑，将如此美丽而智慧的母亲赐予我，却又极其容易地夺走了她。老师的心理互动课上，让我们体验盲行。那一刻，我首先感到的是恐惧，顷刻，我生活在没有光明的世界里，我忽然失去了最初的安全感与自由感，我心里害怕极了，我担心牵我的手突然放开，我担心不知如何找到回来的路，最初的恐惧使我对牵我的手有了心理上的依赖，在他的牵引下，我一步步地向前，当光明再一次展示在我面前时。我顿悟：我拥有很多，失去母亲固然是生活中的不幸，但我是幸运的，因为还有很多爱我的人，我拥有明亮的眼睛，能够直接看到这个美妙的世界。"这种自我体验具有不可替代性，每份体验都是独特的。在此，我也希望大学生用心体会自我的成长，体会你成长中的每一次阵痛，每一次受伤，每一份微笑，这些都将构成你们灿烂人生中美丽的风景线。

3. 自我控制

自我控制是对自己行为、思想和言语的控制，以达到自我期望的目标。包括自我激励、自我暗示、自强自律，核心内容是"我将如何规划自己的人生"。自我控制是自我的最高阶段，其核心是"我应该做什么?""我应该成为什么样的人?""我可以选择如何做?"我们经常讲的"自制力"其实就是自我控制的能力。心理学研究表明：自我控制与大脑额叶的发展紧密相关，当我们生理正常时，自我认知与自我体验决定了自我控制，大学生通过主观能动性，选择认识角度，转变认知观念，调整自我认知评价体系，感受积极自我。

自我控制是自我意识的关键环节，"知"与"行"之间有很长的路，大学生常常"心动而不行动"，事实上心动是一件容易的事，而真正历练意志则需要更多的自我控制。我们不妨打一个比方：早晨起床，应当是一件最简单不过的事，但对懒惰者而言，也是需要意志的，特别是寒冷冬天的早晨，想想被窝里的温暖，再面对起床的痛苦，都要进行思想斗争。而当意志成为一种习惯时，自我控制便转变为"自动化"。成功的人都有较高的自我控制。但并非所有的自我控制都是积极的，有的大学生对自己的要求非常高，自我控制能力强，而在实际中却因为主观或客观原因没有能够达到要求，容易对自我产生怀疑与否定。

（二）生理、心理、社会的自我意识

从自我意识的活动内容来看，自我意识又可分为生理自我、心理自我与社会自我。生理自我是个体对自己身体、生理状态（如身高、体重、容貌）的认识和体验，它是在与他人交往的过程中通过学习而逐渐形成的，它使一个人把自我和非我区别开来，意识到自己的生存是依托于自己的躯体内的。生理自我是与生俱来的，我们只能接受它不能改变，随着自我意识的成长，我们逐渐对生理自我有一个明晰的看法与正确的认识。但由于青年时期的不确定性，有的学生对生理自我产生较高的心理关注，女生关注自己是不是漂亮、迷人、有吸引力，胖瘦高矮，甚至脸上的雀斑；男生关注自己的体形与身体高度，甚至生理器官、声音的吸引力等，这些都是因为大学生正处于青春期乃至青年初期，生理自我处于高度关注时期。心理自我是个体对自己的心理活动、个性特点、心理品质的认识、体验和愿望，包括对自己的感知、记忆、思维、智力、能力、性格、气质、爱好、兴趣等的认识和体验。心理自我也伴随着我们成长，我们的情感、智力、能力、兴趣、情绪等都与日俱增，我们学会评价自己的心理自我、体验心理自我，如初恋与失恋的体验、成功与失败的体验等。随着自我意识的发展，个体的社会角色渐渐浮出水面并占据重要位置，与此相应的责任感、义务感、角色感都在增长。社会自我是个体对自身与外界客观事物关系的认识、体验和愿望，包括个人对自己在客观环境及各种社会关系中的角色、地位、权利、义务、责任、力量等的意识。青年男女常用"我已经长大了"来表达自己的社会自我，期望社会给予积极的肯定与认可。生理自我、心理自我与社会自我是密切联系、相互影响的，它们都包含着不同的自我认知、自我体验与自我控制，但由于比例和搭配的不同，构成了个体对个体自我意识之间的差异，也使得每个人都有对人、对己、对社会的独特的看法和体验。

二、大学生自我意识形成的信息来源

自我意识是人所特有的心理标志，它不是与生俱来的，而是后天获得的，是个体在社会环境中，在与他人的互动中逐渐形成的。一般而言，大学生对自己的认知可以通过以下四个方面逐渐形成。

1. 他人的反馈

通常，别人会对我们的品质、能力、性格等给予清晰的反馈，从而增强我们对

自己的了解。当我们被老师告诫要更加大胆一些、更加主动、更加勤奋一些时，我们便会从反馈中得知：自己有些害羞，不够主动，学习不够勤奋。特别是当许多人的看法一致时，我们就会相信这种看法是正确的，从而确定自己就是这样的人。激励对成长中的大学生是非常重要的，我们经常说"优秀的学生是夸出来的"。当否定性评价过多时，学生会产生"习得性无助"。这是由马丁·西格曼（Martin Seligman）研究提出的，它是指对环境失去控制的一种信念，当一个人拥有这种信念时，他感到不能从环境中逃脱出来，便会放弃了脱离环境的努力。如有的大学生会说："无论我如何努力，我也不会成为受大家欢迎的人"。事实上，"习得性无助"是一种严重的自我意识障碍，它抑制了人改造与影响环境的能力，强化了顺从甚至屈从，并转化为一种内在信念。"习得性无助"是后天形成的，特别容易受到环境的影响。尤其是当大学生来到一个陌生环境开始新的学习生活时，环境适应中的自我意识显示出巨大的张力，很多在中学时代有着骄人成绩的学生由于种种原因而认同了自己的平凡并不尝试改变时，就极易产生"习得性无助"。

2. 反射性评价

在生活中，那些与我们生活无关紧要的人有时并不会给予我们清晰明确的反馈，但我们可以从他们的态度与反应中来了解自己。符号互动学者库利提出"镜中我"（Looking-glass self），认为我们感知自己就像别人感知我们一样，镜子中的我或别人眼中的我就是我们感知的对象，我们常常依据别人如何对待我们来了解自己，这一过程称之为反射性评价。

大学生在与同学、老师的交往中感知到"自我"，可得到一些反射性评价。如一个大学生在一封信中提到："我感到非常孤独，宿舍的同学不喜欢我，常常是我在宿舍外面听见里面在热烈地谈论一个问题，而当我进入宿舍时，谈话就中断了，大家的表情也显示出冷淡与不在乎，我不知道自己做错了什么，得不到大家的认同。这使我非常痛苦。在来自不同家庭背景的同学中，我的家境略好些，可这不是我的过错，我一直主动地想与同学相处好，甚至做了一系列努力都得不到大家的认同。在中学以前，我一直是非常受人欢迎的，我现在变得沉默了，因为不知道该如何做。"反射性评价对自我的形成也起着重要作用。

3. 依据自己的行为判断

贝姆（D. Bem）的自我知觉理论（Self-perception）认为：在内部线索微弱或模糊的情况下，人们常常依据外在行为来推断自己的特征，如性格、态度、品质、爱好等。如当学生参加公益事业时，学生认为自己是一个高尚的人。但在大多数情况下，人们常常依据内部线索如想法、情绪等来了解自己，而且比外显行为更准确，因为行为易受外在压力的影响，更易伪装。

个体的行为具有外显性，更有内倾性，因而依据自己行为的判断为自我的确立提供了可靠的依据。

4. 社会比较

费斯廷格提出了著名的社会比较（Social comparison）理论，该理论认为：人们非常想准确地认识自我、评估自我，为此，在缺乏明确标准时，人们常常和自己相似的人做比较。

大学生正处于人生重要的发展时期，他的人生目标、职业理想、生活态度等都在形成之中，社会比较为大学生提供了认识自我、了解自我和发展自我的重要标尺。社会比较也是每个个体认识自我不可或缺的方面。没有社会比较，就没有自我的进一步优化。当然，自我比较并不总是向着积极的方向，自我比较又分为向上比较、向下比较与相似比较。当个体的目的与动机不同时，采用的社会比较策略也不相同。例如自我保护与自我美化的动机促使学生与那些不如自己走运、成功和幸福的人相比；而自我成功动机强的人更倾向于向上比较，向着那些比自己更加成功的人比较，促使自己更加成功。

三、大学生自我意识发展的过程

自我意识是隐藏在个体内心深处的心理结构，是个体意识发展的高级阶段，是人格的自我调控系统。大学阶段是个体自我意识急剧增长、迅速发展和趋于完善的重要时期，探讨大学生自我意识发展的特点，寻求合理的培养途径，对培养具有健康人格和德才兼备的人才有重要意义。

（一）个体自我意识发展的一般情况

个体的自我意识并不是与生俱来的，自我意识是一种复杂的心理现象，它有一个萌生、发生和发展的过程。新生儿没有意识，也没有自我意识。在以后的生活中由于不断与外界事物接触，身体器官、神经系统随之不断发展完善，到一岁左右产生了自我感觉，这是自我意识最原始、最初级的形态。当儿童到 3 岁左右，会用人称代词"我"来表示自己，说明他开始意识到自己心理活动的过程和内容，这是自我意识的萌芽阶段。童年期，儿童自我意识的特点是模糊的、被动的，对自己的内心世界没有多少认识。初中时期自我意识逐渐清晰、自觉，开始意识到自己与他人、与集体的关系，意识到自己的内心活动，开始想到自己，开始"发现"自己。比如他会发现自己能想出某个主意，而别人想不出，从而感到自豪得意；开始关心内心的体验、想法、动机等。人的自我意识全新发展和最后成熟是从高中阶段开始的，并在青年期内完成，它的显著特征是把原来的主要朝向外部的认识活动转向自己的内心世界，探索自己的内心活动。

（二）大学生自我意识发展的特点

大学生的自我意识已经发展到另一个新的阶段，是个体自我意识迅速发展并趋于成熟的阶段。大学阶段正是自我意识的迅速发展阶段，一般具有以下特点：

1. 自我意识开始分化，并且迅速发展，自我矛盾开始出现。

进入大学以后，随着学习、生活方式的改变和心理意识的发展，大学生的自我意识有了明显的变化，出现了理想自我和现实自我的分化，并且迅速发展，导致矛盾冲突日益明显。大学生对自己的生活充满信心，对未来抱有幻想，而现实往往不是他们所想象的，于是就出现了所谓理想自我和现实自我的矛盾。这种矛盾分化，使得大学生越来越多的注意到"我"的许多细节，发生自我意识的改变，经过自我体验和自我调控，而表现出各种激动、焦虑、喜悦与不安情绪。当理想自我占优势时，往往会将"客体我"萎缩到实际能力以下，总认为自己事事不如人，从而产生较强的自卑感，甚至放弃努力，形成自我怜悯或伤感的心理状态。相反，当现实自我占优势时，往往表现出较强的虚荣心和自我陶醉，特别在乎别人对自己的评价，担心暴露自己的缺点。另外，大学生自我意识中投射的自我意识成分明显增强，人际关系也因此而变得较为复杂，同学之间的矛盾也日益增多，常会产生自己不为别人所理解，常常要求别人理解自己，出现理解万岁的理念。

2. 大学生自我意识矛盾日益突出，但调控能力相对较弱。

由于自我意识的分化，"主体我"和"客体我"之间、"理想我"和"现实我"之间的种种矛盾开始出现，随着自我意识的进一步发展，这种矛盾也越来越突出。在这种矛盾心理的作用下，他们对自己的评价也常常是矛盾的，对自己的态度也是波动的，对自己的调控常常是不自觉、不果断的。他们忽而看到自己的这一面，忽而又看到自己的另一面，时而能客观地评价自己，时而又高估或低估自己，时而感到自己很成熟，时而感到自己很幼稚，时而步入憧憬世界，仿佛回到了童年，时而又厌恶自己长大，时而对自己充满信心，时而又对自己不满，感到自己什么都不行，等等。面对自我意识中的种种矛盾，大学生便开始通过各种活动来重新认识自己，自觉或不自觉地在调节矛盾中认识自己、完善自我。他们常常会问自己"我聪明吗?"，"我长得美吗?"，"我的性格如何?"，"我有什么能力和特长?"，"我应该成为什么样的人?"，"我应该怎样度过自己的一生?"，等等。经过一段时间的矛盾冲突和自我探究后，大学生的自我意识就会在新的水平和方向上趋于一致，达到暂时的自我统一。然而新的自我意识矛盾又会产生，还需要不断地自我调控和自我探究。但大学生的这种自我调控能力相对较弱，往往需要借助外界环境的影响。即便如此，在自我意识的统一过程中，也会出现消极的、错误的、不利于心理健康的统一。例如想得多，做得少，自我认识清楚，但自我调控能力太低，过多关注自己，过于看重自己，而对他人、集体、社会考虑较少等。

3. 自我意识的矛盾转化不断进行，且渐趋稳定

在自我意识由"矛盾—统一—新矛盾—新统一"的转化发展过程中，大学生自我意识不断发生重大变化，由刚进校的"依赖性"和"盲目性"，渐渐转变为"想入非非"，到毕业前就显得沉稳多了。正是由于这种矛盾转化，使得大学生自我意识发生了明显的飞跃，个体之间出现了不同的差异，自我意识也逐渐趋向成熟。

由此可见，大学阶段是大学生自我意识的"转折"时期，也是自我意识和自我矛盾表现最突出的阶段，对个体的人生观、价值观、世界观形成有着非常重要的意义。针对大学生自我意识的发展特点，采取相应的自我意识教育和培养，是高校学生管理的一个重要方面，要引导他们全面认识自我，积极认可自我，努力完善自我。

第三节　大学生常见的自我意识偏差与健全

一、大学生常见的自我意识偏差

自我认识是个体对主体自身状况及主体与客体关系的认识，包括自我观察、自我分析、自我评价三个方面。所谓的自我观察，就是将自己的心理活动作为被观察的对象，自己观察自己，即如古人所说的"吾日三省吾身"；而自我分析是个体把从自身的思想与行为所观察到的情况加以分析、综合，在此基础上概括出自己个性品质中的本质特点，找出有别于他人的重要特点；在自我观察和自我分析的基础上，个体对自己的能力、品德及其他方面的社会价值做出判断，形成自我评价。

要想形成正确的自我认识，首先自我观察要全面，对所有属于自己的生理状况、心理特征和社会关系都要进行细致的观察；其次，自我分析要科学，对自己在生理、心理和社会关系等方面表现出来的特点，无论是优点，还是缺点，都要总结概括，并作出科学的分析；最后，自我评价要适当、正确，既不能高估自己，也不能看低自己。

常见的自我认识偏差有如下方面：

(一) 自我观察不够全面

尤其是对自己的心理特征和自己与周围事物的关系观察得不够。让这样的学生描述自己时，我们常常会听到这样的答案："我不知道自己有什么特长"，"我不知道自己有什么能力"，"我不知道我在同学中的地位如何"，等等。

(二) 自我分析不科学

有一部分学生只总结自己的优点，忽略了缺点，而另外一部分学生只总结自己

的缺点，忽略了自己的优点。常见的说法是："这件事情没做好，全怨他们几个，要是我自己做，肯定能成功。""这件事情没做好，责任全在我，我没有能力。"

（三）自我评价不恰当

突出表现为两个极端，即过高估计自己和过低评价自己。常见的答案有："老师，这件事情别交给我，我什么都做不好。""凭我的水平，干啥都没问题。"

1. 自我意识过强

（1）过分追求完美；

（2）过度的自我接受；

（3）过度自我中心。

2. 自我意识过弱

自我意识过弱的表现即为自卑。

3. 过分追求完美的人

（1）不能容忍自己"不完美"的表现；

（2）对自己十分苛刻；

（3）只接受自己理想中"完美"的自己；

（4）不肯接纳现实中平凡的、有缺点的自我。

4. 过度自我接受的人

交往模式："我好，你不好""我行，你不行"。此类人盲目乐观，自以为是，不宜处理好人际关系。

5. 过度自我中心的人

交往模式：从"我"出发，不能进行换位思考；对的是自己，错的是别人。此类人容易失去他人的好感与信任，人际关系多不和谐。

【案例】

周文强，我院英语经贸系 2007 级英语（经贸方向）10 班学生，在校期间并没因为自己身为专科学生而自暴自弃，相反，他积极主动适应大学生活，一直担任班长之职，做事仔细严谨，是老师的得力助手，也因为其优异表现而作为为数不多的优秀专科学生加入党组织。2009 年他成功应聘到世界 500 强企业物流类第一的丹马士环球物流上海有限公司成都分公司，不到一年时间，由于工作出色，他成为该公司本土化战略而提拔的第一人。

二、大学生自我意识的养成

自我意识的培养，是引导主体按社会要求自觉地对客体进行自我意识的教育，是自我意识的最高表现，是大学生完善自己个性、实现自我价值的重要途径。

全面认识自我是形成自我意识的基础，如果一个人能够全面、正确地认识自己，客观、准确地评价自己，就能够量力而行，确立合适的奋斗目标，并为实现这一目标而不懈努力。因此，大学生只有打破自我封闭，拓宽生活范围，增加生活阅历，扩展交往空间，积极参加活动，扩大社会实践，才能找到多种参考系，才能凭借参考系来多方面、多角度地认识自我，做到不自卑也不过于自信，不骄傲也不过于谦虚，才能充分发挥自己的聪明才智，实现自己的人生价值。可通过以下途径来认识自我：

（一）通过对他人的认识来认识自我

深刻的自我认识是以深刻认识和理解他人、理解社会为前提的。大学生应积极主动地投身于认识世界、改造世界的社会实践活动中去，不断丰富自己对自然、社会和他人的认识。通过认识他人、认识外界事物来进一步认识自我。

（二）通过分析他人对自己的评价来认识自我

正确地认识他人对自己的评价，是自我认识的一条重要途径。大学生一般很在乎别人对自己的看法，尤其是有影响力的评价者。别人的评价往往能引起他们两方面的反应，一方面积极地接受别人的看法，另一方面也许认为别人的评价不符合自己的实际。评价者的特点、评价的性质将会影响到他们对评价的接受程度，因此开展同学之间的互评，教师给予具体而有个性的评价，都有助于自我意识的提高。但应注意评价的准确性、全面性、公正性，不切合实际、片面、不公正的评价，也可能导致自我认识的误区。当然，大学生应正确对待他人对自己的评价，从分析他人对自己的评价中进一步认识自我。而不应对别人指出自己的缺点而耿耿于怀，更不应对自己的优点而沾沾自喜。

（三）通过与他人的比较来认识自我

人总是不由自主地将自己和他人进行比较，在比较的过程中发现自己的优势，明白存在的问题，认识自己能力的高低、道德品质的好坏、追求目标是否恰当等，因此对大学生进行自我意识的培养时，要引导他们不仅与自己情况差不多的人比较，更要敢于与周围的强者比较。通过比较来认清自己的优势和劣势、长处和短处，从而达到取长补短、缩小差距的目的。

（四）通过自我比较来认识自我

人们不仅可以通过与他人的比较来认识自我，也可以从比较自己的过去、现在和将来中认识自我。因此，对大学生自我意识的培养，一方面应鼓励学生超越自我，不要满足于现有的成绩，另一方面也要引导学生确立恰当的抱负水平，不要一味地跟自己过不去，从自己的发展历程中进行比较，从比较中认识自我。

（五）通过自己的活动表现和成果来认识自我

大学生在从事各方面的活动中展现自己的聪明才智、情感取向、意志特征和道德品质。通过活动认识自己，用"实践是检验真理的唯一标准"来检查自己。因此在培养大学生自我意识的过程中，要引导他们正确分析自己的活动表现和成果，客观地认识自己的知识才能和兴趣爱好，进一步发挥自己的长处，弥补自己的短处。

（六）通过自我反思和自我评价来认识自我

大学生已具备了一定的自我反思和自我批评能力，尤其是大三、大四的学生。在自我意识的培养中，要教育、引导他们不断地对自己的心理活动进行反思、分析，勇于解剖自己，敢于批评自己，在自我解剖和自我批评中加深对自己的认识。

1. 积极认可自我

大学生如果以积极的态度认可自己，便会形成自尊，如果以消极的态度拒绝自我，便形成自卑。自卑者往往片面地夸大自身的缺点、短处，甚至否认自我存在的价值，从而极大地阻碍正确的自我意识的形成。

（1）积极而准确地评价自我

积极而准确地评价自我是促使个体产生自尊感，克服自卑感的关键。俗语云："金无足赤，人无完人"。每一个人都有自己的优点和缺点、长处和短处，对自己的长处要充分发挥，对自己的短处要正确对待，既不能护短，也不应因某些短处而灰心。一般来说人的短处有两种类型：一种是可以改变的，如不良习惯、脾气不好、缺乏毅力等，对此要有闻过则改的精神；另一种是无法补救的，如其貌不扬、身材矮小、四肢残疾等，对此要面对现实，有勇气接受自己的缺憾。同时注意提高自己的内在修养，在学问上狠下工夫，培养心灵美，以"内秀"补偿"外丑"，相信"我很丑，但我很温柔"的道理。

（2）正确对待挫折和失败

一个人在成长过程中难免会有失败，要有勇气面对挫折，认真总结教训，树立不达目的不罢休的信心。人常说："吃一堑，长一智"，"从哪里跌倒，从哪里爬起来"。因此，大学生应正确地对待学习、生活中的种种困难与挫折，从困境中走出来，总结教训，吸取经验，提高自己的能力，认可自己的能力，实现自己的理想。

2. 努力完善自我

自我完善是个体在认识自我、认可自我的基础上，自觉规划行为目标，主动调节自身行为，积极改造自己的个性，使个性全面发展，以适应社会要求的过程。

（1）确立正确的理想自我

正确的理想自我是在自我认识、自我认可的基础上，按社会需要和个人的特点来确立自我发展的目标。大学生要积极探索人生，理解人生，树立正确的人生观、价值观和世界观，为理想自我的确立寻找合适的人生坐标，从个人与社会的联系中认识有限人生的价值和意义，并通过实现这一目标而努力地完善自我。

（2）努力提高现实自我

不断战胜旧的自我，重塑新的自我，既要努力发展自己，又绝不能固守自我，要积极主动地为社会服务，勇于承担重任；既注重自我价值的实现，又不仅仅追求个人价值，在为他人和社会服务、为国家和民族作贡献的过程中实现自我价值。当然提高现实自我是一个长期的过程，必须坚持不懈，持之以恒，才能使现实自我不断地向理想自我靠拢，并最终实现自己的人生目标。这一过程，就是大学生努力完善自我的过程。

（3）认真进行自我探究，逐步获得积极的自我统一

自我统一意味着"主体我"和"客体我"的统一，自我认识、自我体验和自我调控的统一。大学生在认真探索人生的过程中，逐步获得积极的自我统一，实现自身的价值。在获取自我统一的过程中，首先要分析和确认"理想自我"的正确性和可行性，然后与现实自我相对照，最后有针对性地、有计划地解决二者之间的矛盾，缩小差距，最终获得统一。

总之，自我意识的培养是一个漫长的过程，大学阶段是自我意识培养的重要阶段，因此正确认识自我意识发展的特点，引导大学生全面认识自我，积极悦纳自我，努力完善自我，具有重要意义。

【学习与思考】

1. 大学生自我意识有哪些独特性？

2. 课堂活动。用心地完成这个练习，它们会帮助你更好地看到自己。

20 个我是谁？

（1）我是一个_____。

（2）我是一个_____。

（3）我是一个_____。

⋮

3. 自信心小测验

（1）你觉得像自己这样的年龄应该更高一些吗？

（2）你对自己的容貌满意吗？

（3）你是否不太喜欢镜子中看到的自己？

（4）你觉得自己的身体不够强壮吗？

（5）别人给你拍照时，你对拍出使你满意的照片有信心吗？

大学生心理健康教育

（6）你觉得自己比其他人过得好吗？

（7）你相信自己十年后会比其他人过得好吗？

（8）你是否常被人家挖苦？

（9）是否有很多同学不太喜欢你？

（10）你常常有"又失败了"的感觉吗？

（11）你的老师对你的学习成绩感到失望吗？

（12）做错事情之后，你常常会很快忘却吗？

（13）与同学一起的时候，你是否常常扮演听众的角色？

（14）你经常在心里默默祈祷吗？

（15）你认为自己使父母感到失望吗？

（16）你是否经常回想并检讨自己过去的不良行为？

（17）当与别人闹矛盾时，你通常总是责怪自己吗？

（18）你是否不喜欢自己的性格？

（19）别人讲话时，你经常打断他们吗？

（20）你是否从不主动向别人挑战？

（21）做某件事时，你常常缺乏成功的信心吗？

（22）即使不同意对方的观点，你也不习惯当面提出反对意见，对吗？

（23）你是否自甘落后？

（24）你对未来充满信心吗？

（25）在班级里，你对自己的成绩进入前几名不抱希望吗？

（26）参加体育运动后，你总是感觉自己不行了？

（27）遇到困难时，你常常采取逃避的态度吗？

（28）当你提出的观点被人反对时，你是否马上会怀疑自己的正确性？

（29）如果别人没有征询你的看法，你会主动发表自己的意见吗？

（30）对于自己反对做的各种事情，你总是充满自信吗？

评分规则：

第（2）、（7）、（12）、（19）、（24）、（29）、（30）题答"是"记 0 分，答"否"记 1 分。其余各题答"是"记 1 分，答"否"记 0 分。各题得分相加，统计总分。

评价：

总分在 0～5 分：你充满了自信，只要注意别自满和自负。

总分在 6～10 分：总的来说你并不自卑。但当环境出现变化时，也会感到有些难以适应，对自己的能力有怀疑。一般情况下，你最终能够恢复自信。

总分在 11～20 分：只要一遇到挫折，你就会感到自己不行。你最好降低一下自己的期望值，调整自己追求的目标，以便从每次小的进步中享受成功的欢乐，逐步建立自信。

第四章 大学生人格发展

人格是人的心理面貌的集中反映，是伴随着人的一生不断成长的心理品质。人格的成熟意味着个体心理的成熟，人格的魅力展示着个体心灵的完善。人格是一个丰富而复杂的心理成分，它凝聚着文化、社会、家庭、教育与先天遗传的个体风貌。"人有千面，各有不同"。人格有着鲜明的个性特征，人格的差异铸就了个体千差万别、千姿百态的心理面貌。人格素质是大学生综合素质的重要组成部分，人格素质的发展和提高对综合素质的发展有着重要的促进作用。因此，寻找通向健全人格之路、塑造健全的人格是大学生心理健康教育的重要目标之一。通过本章的学习，我们将主要从理论上了解人格的含义，以及如何健全我们的人格。

第一节 人格概述

一、什么是人格

"人格"一词是我们日常生活中的高频词汇，在生活中有多种含义。在道德上，它指一个人的品德和操守，比如我们经常说"他具有高尚的人格"、"他出卖了自己的人格"。在法律意义上，比如"这是对我人格的污辱"，"人格"此时属于法律范畴，说明有人侵犯了他的尊严和人权。在文学上，它指人物心理的独特性和典型性。在心理学上，由于心理学家各自的研究取向不同，对人格的看法也有很大差异。人格是构成一个人的思想、情感及行为的特有统合模式，这个独特模式包含了一个人区别于他人的、稳定而统一的心理品质。人格（Personality）一词最初来源于古希腊语 Persona，是指演员的面具，面具会随着角色的变化而不断变化。后来此词被用作描述人的心理。心理学沿用其含义，把一个人在人生舞台上扮演角色时表现出来的种种行为和心理活动都看做是人格的表现。具体来说有以下理解：

（1）人格（Personality）是构成一个人的思想、情感及行为的特有的统合模式，这个模式包含了一个人区别于他人的、稳定而统一的思想品质。

（2）人格是指稳定的行为方式和源于个体内部的人际过程。

（3）查尔德认为，人格是使个体的行为保持时间的一致性，并且区别于相似情境下的其他个体行为的比较稳定的内部因素。

（4）人格是"稳定的"、"内部的"、"一致的"、"区别于"他人的心理品质。人格存在于个体内部，并不等于外部行为。

二、人格的特征与大学生人格发展的特点

（一）按照心理学的描述，人格具有的基本特征

1. 独特性

个体的人格是在遗传、成熟、环境、教育等先、后天环境交互作用下形成的。不同的遗传、存在及教育环境，形成了各自独特的心理特点，我们经常所说的"人心不同，各如其面"指的就是这个意思。如有的人开放自然，有的人顽固自守，有的人沉默寡言，有的人豪爽，有的人谨慎等。环境会使某一人格品质在不同人身上表现出不同的含义。如独立性这一人格特质，作为缺乏父母爱护的家庭中成长的孩子，独立带有靠自己努力的含义；而在一个民主型家庭成长的孩子，独立则作为健全人格培养的重要部分。

2. 稳定性

人格的稳定性是指那些经常表现出来的特点，是一贯的行为方式的总和。正如我们所说的"江山易改，本性难移"，一个人的某种人格特质一旦稳定下来，要改变是较为困难的事，这种稳定性还表现在人格特征在不同时空下的一致性。例如一个性格外向的大学生，他不仅仅在家庭中非常活跃，而且在班级活动中也表现出积极主动的一面，在老师面前同样也能自然地表现自己，即使毕业若干年后再相逢，这个特质依旧不变。

3. 统合性

人是极其复杂的，人的行为表现出多元性、多层次的特点。人格的组合千变万化，并非死水一潭。各种人格结构的组合千变万化，因而使人格表现得色彩纷呈。在每个人的人格世界里，各种特征并非简单的堆积，而是如同宇宙世界一样，依据一定的内容、秩序与规则有机组合起来的动力系统。人格的有机结构具有内在一致性，受自我意识的调控。当一个人的人格结构的各方面彼此和谐一致时，人们就会呈现出健康的人格特征，否则就会出现各种心理冲突，导致"人格分裂"。

4. 功能性

人格是一个人生活成败、喜怒哀乐的根源。正如人们常说的"性格决定命运"，人格决定了一个人的生活方式，甚至决定一个人的命运。人们常常使用人格特征解

释某人的言行及事件的原因；面对挫折与失败，有志者认真总结经验教训，在失败的废墟上重建人生的辉煌；而怯懦的人一蹶不振，失却了奋斗的目标。当人格功能发挥正常时，表现为健康而有力，支配着人的生活与成败；当人格功能失调时，就会表现出懦弱、无力、失控，甚至变态。

（二）大学生人格发展具有的特点

1. 不稳定性

根据勒温（K. Lewin）的观点，青年期是由儿童的"心理场"向成人的"心理场"的过渡时期，由于"生活空间"扩大、社会的变迁以及自身社会角色的过渡，造成大学生在未知的环境中难以确定自己的行为方式。因此在这一时期，大学生表现出一些人格特征带有的显著的不稳定性。如有时表现出空前的自信，认为自己无所不能，而有时又极度的自卑，认为自己一无是处。而且两者可反复出现，使大学生情绪不稳、易于激动、烦躁、不安，常处于情绪的动荡状态。

2. 冲突性

进入青春期的大学生，开始摆脱儿童期的对自我和外界的肤浅的认识，将注意力集中到重新发现自我上来。尤其是新生，环境的变化、学习压力的加大、同学间的竞争常使他们失去既往的心理平衡，在内心掀起巨大的波澜，自我的重新认知也使其思想行为陷入自我矛盾的尴尬境地，如在与人的交往中，虽然内心渴望得到友谊和关怀，却因为害怕被拒绝而做出冷漠、高傲的姿态。

3. 可塑性

人格的发展和变化并不是在童年就停止了，而是整个一生都在继续着。人格的发展经历幼儿期、少年期、中年期和老年期这四个阶段。而青年期是人格走向成熟、由量变到质变的重要时期，在这一时期，受学校、社会等后天环境以及自身知识的积累，生活经历的影响，其人格常会有较大的改变，具有较强的可塑性。

三、主要的人格理论

（一）精神分析学派

精神分析学派主张无意识的冲突对人的行为的主导作用和重要影响，非理性的意欲（性的或社会文化的）与外界现实在内心引起的冲突是精神异常的原因。该学说首创人弗洛伊德确立了精神分析的方法与理论体系。精神分析人格发展的理论有两个前提：第一，强调发展，认为成人的性格是由各种婴幼期经验塑造而成的；第二，性力是与生俱来的，出生后随着心理性阶段而发展。在心理性欲发展阶段中，人格发展可能遇到两种情况：挫折和过分放任，出现依恋和退化等现象。这些阶段的各种经验对人格形成是决定性的因素。弗洛伊德认为人格结构有三个组成部分：

本我、自我、超我。这三者在意识、无意识活动的机制下，在性力发展的关系中形成。本我是一种原始的力量来源，是遗传下来的本能。本我要求满足基本的生物要求，毫无掩盖与约束，寻找直接的肉体快乐。这种要求若有迟缓或减弱，就会感到烦扰、懊恼，其结果不是这种原动力消失或减弱，而是企图满足的要求更加迫切。自我是人格结构的表层，但也只是部分意识而已。人若在本我控制的社会中，危险与恐惧则是难以想象的。因为本我不受任何管制，幸而本我得到人格中自我的检查。自我是本我的对立面，在与环境接触过程中由本我发展而来。在与环境的交往中，儿童不仅发展了自我，而且还知道了什么是对的、什么是错的，能够对正确与错误做出辨别。这就是人格中的超我。超我遵从理性原则，从理性角度思索什么是可以做什么是不可以做。本我的快乐原则、自我的现实原则与超我的理性原则共同构成了人格的三层结构。精神分析学派重视无意识即本我对人格的影响及儿童早期生活经历对人格的影响。

（二）特质流派

特质流派的主要代表人物是奥尔伯特、卡特尔与艾森克。

奥尔伯特于 1937 年首次提出人格特质理论，他将人格分为共同特质和个人特质。共同特质是指在某一社会文化形态下，大多数人或群体所具有的共同特质。个人特质是个体身上独有的特质，依照生活中所起作用的大小分为：首要特质，即个体最典型、最具概括性的特质；中心特质，即构成个体独特性的几个重要特质，一般每个人身上有 5 至 10 个；次要特质，只是在特殊情况下才表现出来。

卡特尔认为人格基本结构的元素是特质。特质是人在不同时间和情境中都保持的一致性。他还认为人格特质是有层次的，第一层次是个别特质和共同特质，第二层次是表面特质和根源特质。表面特质是指外部表现能直接观察到的行为或特征，表面上看相似的行为有着不同的原因。根源特质是指具有相互关联的特征或行为以相同原因为基础。例如：大学生考试作弊相同的表面特质后面有着极其不同的心理动因；而考前睡眠不好、考试紧张、体育测试双腿发抖等都源于同样的根源特质——焦虑。1949 年卡特尔用因素分析法筛选出 16 种人格根源特质——乐群性，聪慧性，稳定性，恃强性，兴奋性，有恒性，敢为性，敏感性，怀疑性，幻想性，世故性，忧虑性，求新性，独立性，自律性，紧张性。它们被广泛使用在人格测验上。

爱森克（Eysenck）依据因素分析方法提出了人格的三因素模型。一是外倾性（Extraversion），表现为内、外倾的差异；二是神经质（Neuroticism），表现为情绪稳定性的差异；三是精神质（Psychoticism），表现为孤独、冷酷、敌视等偏于负面的人格特征。之后，爱森克编制了人格问卷（Eysenck Personality Questionnaire，简称 EPQ，1968）——为提高人格测量的信效度，在三维度的基础上，增加了 Lie

因素（指说谎引起的自身隐蔽）。前三者为人格的三种维度，它们是彼此独立的。EPQ 在大量被试者身上应用的结果表明，各量表记分以 E 最高，N 次之，L 再次之，P 最低；男女需要分别记分；P、E、N 记分随年龄逐降，L 则逐升，青少年被试者各量表的年龄记分与成人的大致相反。爱森克以神经过程兴奋—抑制为基础构建各水平的人格层次结构，按照他的理论，人格的结构主要包括人格的行为方面（如行为外倾）和人格的体质方面（如体质外倾）。行为外倾可以通过量表，如 EPQ 或 EPI 等进行测定。体质外倾则可以在各种程度上采用实验测得。尽管爱森克认为他的人格和行为观点并没有排除环境的作用，但人格的生物倾向性仍是其理论的主要方面。

近年来，研究者们在人格描述模式上形成了比较一致的共识，提出了人格的大五模式，Goldberg（1992）称之为人格心理学中的一场革命。研究者通过词汇学的方法，发现大约有五种特质可以涵盖人格描述的所有方面。

外倾性（Extraversion）：好交际对不好交际，爱娱乐对严肃，感情丰富对含蓄；表现出热情、社交、果断、活跃、冒险、乐观等特点。

神经质或情绪稳定性（Neuroticism）：烦恼对平静，不安全感对安全感，自怜对自我满意，包括焦虑、敌对、压抑、自我意识、冲动、脆弱等特质。

开放性（Openness）富于想象对务实，寻求变化对遵守惯例，自主对顺从。包括想象、审美、情感丰富、求异、创造、智慧等特征。

随和性（Agreeableness）：热心对无情，信赖对怀疑，乐于助人对不合作。包括信任、利他、直率、谦虚、移情等品质。

尽责性（Conscientiousness）：有序对无序，谨慎细心对粗心大意，自律对意志薄弱。包括胜任、公正、条理、尽职、成就、自律、谨慎、克制等特点。

这五大人格（OCEAN），也被称为人格的海洋，可以通过 NEO－PI－R 评定。

（三）行为主义流派

行为主义的代表人物是华生、斯金纳和赫尔。行为主义将人格看做是个体的独特行为方式或这些方式的组合。对人格的研究是对个体的特殊学习经历或独特遗传背景的系统考察，发现有机体与强化之间的独特联系。并且，人格研究只有建立了科学的判断标准才是合理的。行为主义注重从个人所处环境的强化程序来考察人格的发展与改变。由于行为主义的人格理论主要是对低等动物的研究中得出的，只注重行为的外显性，反对内省法和对内部事件的研究，而且人格研究忽视了人格机能的基本方面，即整体系统中部分的功能作用。

（四）社会学习理论

社会学习理论的代表人物是班杜拉。社会学习理论注重交互作用，即有机体与环境的相互作用的过程，强调有机体对变化着的环境的反应能力。在对人格的研究中，行为的个体差异取决于我们特定的学习经验，而不是天生的人格特质。例如，我们通过观察学习，会发现哪些行为更易被奖励或被惩罚，这是替代强化。班杜拉还强调，行为是由我们的行动自己掌控或自生成的。自我调节包括自我观察、个人标准和自我反应过程。

（五）人本主义流派

在人本主义心理学阵营中，最具有代表性的是马斯洛。马斯洛不同意行为主义与精神分析学派的人格学说，而是着力于创立一门研究人类的积极本性的心理学。其学说的重心是动机理论。它坚定不移地主张人类有一些本能化的需要。这种内在的需要即使有其生物学基础，但很微弱，很容易被压抑、埋没或扼杀。基于此，马斯洛把人的需要分为五个层次：一是生理的需要，是人与动物所共有的，包括饮食、性、排泄和睡眠。二是安全需要，是住宅、工作场地、秩序、安全感和可预言性，这一层次需要的首要目标是要减少生活中的不确定性。三是归属的需要，即个体要有组织、家庭、社会的归属感，归属感的建立是个体社会中重要的组成部分。四是爱和尊重的需要，它包括两个方面：①要求别人对自己重视，相应地产生了威信、认可、地位等情感；②要求自尊，与此相应的是适应、胜任、信心等情感。五是自我实现的需要，它是指使自己成为自己理想的人，达到个人潜能的最高之巅，这是每个个体内心真正需求的。

（六）认知学派

该派的重要代表是凯利。凯利人格理论的核心是建构，是个体的行为所依赖的解释。一个建构就是一种思想、一种观点、一种看法，人们用它来解释个人自己的经验。建构一旦创建，人就受它的制约。换句话说，一个人的生活受到他自己的经验的巨大影响。他认为，当人遇到新情境时，产生的行动具有CPC循环的特征，即周视期、先取期、控制期，因而人们并不寻找强化或回避疼痛，人们寻找自己构念系统的有效性。因此，人的主要目标是在自己生活中缩减不确定性。通过对CPC周期的循环，人们就可逐渐形成人格和获得良好的适应。

四、人格的结构

人格是由不同成分构成的一个结构系统，不同成分从不同侧面反映个体的差异。人格结构系统包括认知、动机、气质、性格、自我调控等成分。气质与性格是人格的重要方面。这种特征既决定了个体心理活动的动力特征，又给每个人的心理活动蒙上了一层独特的色彩。

（一）气质

气质是人格结构中比较稳定的并与遗传素质联系密切的成分，指个体表现在心理过程的强度、速度、灵活性与指向性的一种稳定的心理特征。心理过程的强度指的是情绪和意志力的强度。如有的人性子急，脾气大、火气壮；有的人慢性子，遇事不慌不忙，不紧不慢；有的人意志力强，愈挫愈奋；有的人意志薄弱。心理过程的速度指反应的快慢。灵活性指思维的灵活性，有人能举一反三，变通思维，有人讲话保守。心理过程的指向性指注意力时间长短，有人能持久关注一件事，有人兴趣不稳，经常转移。

人们把气质分为以下四种类型，每种不同的气质类型都具有不同的心理和行为特征。

胆汁质——夏天里的一团火。这类人精力旺盛，直率、热情，行动敏捷，情绪易于激动，心境变换剧烈。这类大学生有理想，有抱负，有独立见解，反应迅速，行为果断，表里如一；不愿受人指挥，而喜欢指挥别人；一旦认准目标，就希望尽快实现，遇到困难也不折不挠，但往往比较粗心；学习和工作带有明显的周期性特点，能以极大的热情和旺盛的精力投入学习和工作，一旦精力消耗殆尽时，便会失去信心，情绪顿时转为沮丧而心灰意冷。

多血质——喜形于色，喜怒都在展现中，可塑性强。多血质的人具有活泼好动，反应迅速，情绪发生快而多变，兴趣容易转移等特征。这类大学生易于适应环境的变化，性情活泼、热情，善于交际，在群体中精神愉快，相处自然，常能机智地摆脱困境；他们在学习和工作上肯动脑、主意多，不安于机械、刻板、循规蹈矩，常表现出较强的工作能力和办事效率；对外界事物兴趣广泛，但容易失于浮躁，见异思迁。

黏液质——冰冷耐寒。黏液质的人安静、稳重，反应缓慢，沉默寡言，情绪不易外露，注意稳定，难于转移，善于忍耐。这类大学生反应较为迟缓，但无论环境如何变化，都能基本保持心理平衡；凡事深思熟虑，力求稳妥，一般不做无把握的事情，在各种情况都表现出较强的自我克制能力；他们外柔内刚，沉静多思，不愿流露内心的真情实感；与人交往时，态度适度，不卑不亢，不爱抛头露面和作空泛的清谈；学习、工作有板有眼，踏实肯干，严格恪守既定的生活秩序和制度。但他们过于拘谨，不善于随机应变，固定性有余而灵活性不足，有墨守成规、因循守旧的表现。

抑郁质——秋风落叶。抑郁质的人孤僻，行动迟缓，情感体验深刻，善于觉察别人不易觉察到的细小事物。这类大学生在生理上难以忍受或大或小的神经紧张，厌恶那些强烈的刺激；他们的感情细腻而脆弱，常为区区小事引起情绪波动；自己心里有话，宁愿自己品味，不愿向别人倾诉；喜欢独处，与人交往时显得腼腆、忸怩，善于领会别人的意图；在团结友爱的集体中，很可能是一个容易相处的人；遇事三思而行，求稳不求快，对力所能及的工作能认真负责地完成。在学习、工作一段时间后，常比别人更感疲倦；在困难面前常怯懦、自卑和优柔寡断。

气质本身无优劣之分，任何一种气质都有其积极和消极的方面。气质也不能决定一个人活动的社会价值和成就的高低。因此，大学生要正确对待自己的气质类型，经常有意识地控制自己气质的消极品质，发扬积极品质，以有利于形成良好的个性。而且值得重视的是，气质特征是与生俱来的，绝大多数人是多种气质类型的混合体，其归属于哪个气质类型主要是看哪种气质占主导性地位。

（二）性格

性格是一种与社会相关最密切的人格特征，是一个人对现实稳定的态度和与之相适应的习惯化了的行为方式的总和。

从不同角度和侧面可以对性格类型进行不同的划分，如按照知、情、意在性格中的表现程度，可分为理智型、情绪型和意志型三种。理智型的人以理智支配自己的行动；情绪型的人，情绪体验深刻，举止容易受情绪左右；意志型的人具有较明确的目标，行为主动。

按照个体的心理倾向，性格可分为外倾型和内倾型。外倾型的人心理活动倾向于外部，活泼开朗，善于交际，感情易于外露，处事不拘小节，独立性较强，但有时粗心、轻率；内倾型的人心理活动倾向于内部，一般表现为感情含蓄，处事谨慎，自制力强，交往面窄，适应环境比较困难。

按照个体独立性程度，性格可分为独立型和顺从型。独立型的人不易受外来事物的干扰，他们具有坚定的信念，能独立地判断事物，发现问题后立即解决问题，在紧急和困难的情况下不慌张，易于发挥自己的力量，但有时会把自己的意志强加于人，固执己见，不易合群；顺从型的人，随和、谦虚，易与人合作，但独立性较差，易受暗示，容易接受别人的意见，在紧急情况下易惊惶失措。

性格与气质都是构成人格的重要因素，二者相互渗透，相互影响，彼此制约。二者所不同的是，性格是人格中涉及社会评价的内容，更多受到环境的影响，具有较大的可塑性。性格具有社会评价的意义，反映了社会文化的内涵，有好坏之分。而气质更多的受生理上和心理上的特点制约，虽然在后天的环境影响下也有所改变，但与性格相比，它更具有稳定性，变化比较缓慢。

（三）大学生性格的自我培养

1. 重视性格的自我修养

自省。也就是通过内心的自我检查、自我分析，对性格进行反思，以总结优点、改正缺点为目的。应该提醒的是，找出自己的缺点并不难，难得是下决心改正它。

自警。针对自己的性格弱点，选择相关的名言警句，作为自己的座右铭，用以提醒和勉励自己，这就是我们说的自警。

自居。本是西方心理学的一个术语，指的是人的一种自我防御、自我适应行为。在这里所说的自居，是指认同某个性格榜样，处处将自己作为该榜样的形象出现。自居有两个特点：一是出发点是积极的，二是过程也是积极的，都是为了提高自己、完善自己。

2. 加强性格的自我训练

从小事入手。性格是在环境、教育等各种内外因素长期作用下逐步发展起来的，对其改变也需要一个长期的渐变过程。对性格的训练，刚开始时不能要求过高。比如：性格急躁、爱发脾气的人，自我训练的第一步应当是先设法克制火气，使自己冷静下来；训练一段时间后，再提出进一步要求，即不但不发火，还要表情自然；再进一步要求自己抑制火气时能挥洒自如、豁达大度。如此循环渐进，性格才会逐渐地由急躁易怒变得宽容大度。

习惯潜化。从改变习惯到改变性格，是实现性格转化的途径之一。有人曾把习惯比作人的"第二天性"。实际上，人的性格中的很大一部分所表现的正是一个人习惯化了的行为方式。俗话说"积习难改"、"习惯成自然"，在对自己行为的支配中，习惯的力量比任何理论原则的力量来得都大。因此，大学生在性格修养过程中，要努力培养自己良好的学习习惯和生活习惯。

实践磨炼。性格的改变过程，首先是一个实践过程。在实践中检验和判断性格，到实践中去培养磨炼性格，是我们进行性格修养的根本途径。性格向良好方向的转变，往往不是由良好的训练计划、指导性修养方法所决定的。一百个空头计划不如一个具体的培养锻炼的行动。因此，性格修养应当从实践做起，在学习、与同学的交往及业余爱好的发展中陶冶自己的性格。没有什么捷径和窍门，只有针对自己性格上的缺点，制订一个在实践中克服这些缺点的长期计划，并按这个计划持久地实践下去，才能逐步取得效果。

第二节　人格的影响因素

塑造和培养良好的人格是个体成长与发展的关键。在一个人的人生发展历程中，有许多因素会影响到人格的发展，它是先天和后天因素共同作用的结果。研究表明：人格是环境与遗传交互作用的产物。在人格培养过程中，既要看到个体的生物遗传的影响，更要看到社会文化的决定作用。

一、生物遗传因素

心理学家对"生物遗传因素对人格具有何种影响"的研究已经持续很久了。由于人格具有较强的稳定性特征，因此人格研究者也会注重遗传因素对人格的影响。

双生子的研究被许多心理学家认为是研究人格遗传因素的最好办法，并提出了双生子的研究原则：同卵双生子既然具有相同的基因形态，那么他们之间的任何差异都可以归于是环境因素造成的。而异卵双生子的基因虽然不同，但在环境上有许多相似性，如出生顺序、母亲年龄等，因此也提供了环境控制的可能性。系统研究这两种双生子，就可以看出不同环境对相同基因的影响，或者是相同环境下不同基因的表现。研究结果表明：由于同卵双生子具有相同的基因，因此他们之间的任何差异一定是环境造成的；由于异卵双生子在遗传上不同，他们有许多相同的环境条件，故可提供一些有关环境控制的测量。同时研究同卵双生子与异卵双生子，就可能评估相同基因类型下不同环境的作用，以及在相同或类似环境下不同基因类型的作用。

研究结果表明：遗传是人格不可缺少的影响因素，但遗传因素对人格的作用程度因人格特征的不同而不同。通常在智力、气质这些与生物因素相关较大的特征上，遗传因素较为重要；而在价值观、信念、性格等与社会因素关系紧密的特征上，后天环境因素更重要。人格发展过程是遗传与环境交互作用的结果，遗传因素影响人格发展方向及形成的难易。

人既是一个生物个体，又是一个社会个体。人一出生后，各种环境因素的影响就开始了，并会作用人的一生。后天环境的因素是多种多样的，小到家庭因素，大到社会文化因素，它们对大学生人格的发展更为重要。

二、社会文化因素

人一出生，便置身于社会文化之中，并受社会文化的熏陶与影响，文化对人格的影响伴随着人的终生。社会文化塑造了社会成员的人格特征，使其成员的人格结构朝着相似性的方向发展，而这种相似性又具有维系一个社会稳定的功能。这种共同的人格特征又使得个人正好稳稳地"嵌入"整个文化形态里。社会文化对人格的影响力因文化而异，这要看社会对顺应的要求是否严格。越严格，其影响力就越大。影响力的强弱也视其行为的社会意义的大小，对于不太具有社会意义的行为，社会允许有较大的变异；但对在社会功能上十分重要的行为，就不太允许有太大的变异，社会文化的制约作用就越大。但是，若个人极端偏离其社会文化所要求的人格基本特征，不能融入社会文化环境之中，可能就会被视为行为偏差或心理疾病。

社会文化具有塑造人格的功能，这反映在不同文化的民族有其固有的民族性格，不同的地域有着不同的文化传统，不同的文化发展时期有着不同的文化认同。例如，米德（M. Mead）等人研究了新几内亚的三个民族的人格特征，结果表明：来自于同一祖先的不同民族各具特色，鲜明地体现了社会文化对个体的影响力。居住在山丘地带的阿拉比修族，崇尚男女平等的生活原则，成员之间互相友爱、团结协作，没有恃强凌弱、没有争强好胜，一派亲和景象。居住在河川地带的孟都古姆族，生活以狩猎为主，男女间有权力与地位之争，对孩子处罚严厉。这个民族的成员表现出攻击性强、冷酷无情、嫉妒心强、妄自尊大、争强好胜等人格特征。居住在湖泊地带的张布里族，男女角色差异明显，女性是这个社会的主体，她们每日操作劳动，掌握着经济实权。男性则处于从属地位，其主要活动是艺术、工艺与祭祀活动，并承担孩子的养育责任。这种社会分工使女人表现出刚毅、支配、自主与快活的性格，男人则有明显的自卑感。

社会文化对人格的影响力一直被人们所认可，它对人格的形成与发育具有重要的作用，特别是后天形成的一些人格特征，如性格、价值观等。社会文化因素决定了人格的共同性特征，它使同一社会的人在人格上具有一定程度的相似性，如民族性格等。

值得重视的是：随着对文化因素的强调而产生的生物因素与文化因素之间的平衡，文化在个体人格发展中的作用受到进一步重视。

三、家庭环境因素

家庭常被视为人类性格的加工厂，它塑造了人们不同的人格特征。家庭虽然是一个微观的社会单元，但它对人格的培育起到了至关重要的作用。家庭是社会的细胞，家庭不仅具有其自然的遗传因素，也有着社会的"遗传"因素。这种社会遗传因素主要表现为家庭对子女的教育作用，俗话说"有其父必有其子"，其中不无一定的道理。父母们按照自己的意愿和方式教育孩子，使他们逐渐形成了某些人格特征。

强调人格的家庭成因，重点在于探讨家庭间的差异对人格发展的影响，探讨不同的教养方式对人格差异所构成的影响。西蒙斯（P. Symonds）研究认为："儿童人格的发展和他（她）与父母之间的关系息息相关。这意味着当我们考虑亲子关系时，不仅要注意它们对造成心理情绪失调和心理病理状态的影响，也得留意它们与正常、领导力和天才发展的关系。"

孩子的人格是在与父母持续的相互作用中逐渐形成的，富于感情的父母将会示范并鼓励孩子采取更富情感性的反应，因此也加强了孩子的利他行为模式，而不是攻击行为模式。孩子的人格就是在父母与他们的相互磨合中形成的。孩子在批评中长大，学会了责难；在敌意中长大，学会了争斗；在虐待中长大，学会了伤害；在支配中长大，学会了依赖；在干涉中长大，被动与胆怯；在娇宠中长大，学会任性；在否定中长大，学会了拒绝；在鼓励中长大，增长了自信；在公平中长大，学会了正义；在宽容中长大，学会了耐心；在赞赏中长大，学会了欣赏；在爱中成长，学会爱人。这样的说法不无道理。

家庭教养方式一般可以分为三类。第一类是权威型教养方式，这类母亲在对子女的教育中表现得过于支配，孩子的一切由父母来控制。成长在这种教育环境下的孩子容易形成消极、被动、依赖、服从、懦弱，做事缺乏主动性，甚至会形成不诚实的人格特征。第二类是放纵型教养方式，这类母亲对孩子过于溺爱，让孩子多表现为任性、幼稚、自私、野蛮、无礼、独立性差、唯我独尊、蛮横胡闹等。第三类是民主型教养方式，父母与孩子在家庭中处于一个平等和谐的氛围中，父母尊重孩子，给孩子一定的自主权，并给予孩子积极正确的指导。父母的这种教育方式使孩子形成了一些积极的人格品质，如活泼、快乐、直爽、自立、彬彬有礼、善于交往、富于合作、思想活跃等。

普朗明在他的《天性与教养》中对人格的天性与教养进行了研究，提出了共享环境（shared environment）即子女们在同一家庭成长所享有的环境构成，而非共享环境（unshared environment）由在同一家庭成长却不被子女们共同享受的环境，如性别差异、排行顺序或特定生活事件而被父母区别对待。研究结果表明：重要的不是家庭单位，而是每个孩子在家庭中的独特经验，即孩子在家庭中的非共享环境。儿童在家庭内与家庭外得到的经验对其人格发展都有重要影响。

由此可见，家庭是社会文化的媒介，它对人格具有强大的塑造力。其中，父母教养方式的恰当性直接决定孩子人格特征的形成。父母在养育孩子的过程中，表现出了自己的人格，并有意无意地影响和塑造着孩子的人格，形成家庭中的"社会遗传性"。

【链接】　遗传率估计

特质	遗传估计
身高	0.80
体重	0.60
智商	0.50
特定的认知能力	0.40
学业成就	0.40

大五因素	遗传率估计
外倾性	0.36
神经质	0.31
谨慎性	0.28
宜人性	0.28
经验开放性	0.46
EASI 气质	遗传率估计
情绪性	0.40
活动性	0.25
社会性	0.25
冲动性	0.45
人格整体	0.40
态度和行为	遗传率估计
保守主义	0.30
宗教	0.16
种族完整	0.00
看电视	0.20

数据表明：遗传对人格的贡献（总变异量的估计为40%）不如对身高、体重或智商的贡献大，但比对态度和行为（看电视）的贡献大。由此可见，遗传对人格的发展起一定作用，但并不起决定性的作用。

四、儿童早期经验

"早期的亲子关系定出了行为模式，塑成一切日后的行为。"这是有关早期童年经验对人格影响力的一个总结。中国也有句俗话："三岁看大，七岁看老。"人生早期所发生的事情对人格的影响历来为人格心理学家所重视，特别是弗洛伊德。为什么人格心理学家会如此看重早期经验对人格的作用呢？

斯皮茨（Spitz）在对孤儿院里的儿童所进行的研究中发现，这些早期被剥夺母亲照顾的孩子，长大以后在各方面的发展均受到影响。许多孩子患了"失怙性忧郁症"，其症状表现为哭泣、僵直、退缩、表情木然，并且有人提出"弃子"会使儿童产生心理疾病，孩子会形成攻击、反叛的人格。

艾斯沃斯通过陌生情境进行婴儿依恋的研究，将婴儿依恋模式分为安全依恋、回避依恋与矛盾依恋三类，并做了数十年的追踪研究，将婴儿时期的依恋对人格的发展进行了相关研究，结果表明：早期安全依恋的婴儿在成大后有更强的自信与自尊，确定的目标更高，表现出对目标更大的坚持性、更小的依赖性，并容易建立亲密的友谊。

早期童年经验的问题引发了许多的争论，如早期经验对人格产生何种影响？这种影响是否为永久性的？我们认为，人格发展的确受到童年经验的影响，幸福的童年有利于儿童向健康人格发展，不幸的童年也会引发儿童不良人格的形成。但二者不存在一一对应的关系，溺爱也可使孩子形成不良人格特点，逆境也可磨炼出孩子坚强的性格。早期经验不能单独对人格起决定作用，它与其他因素来共同决定人格。早期儿童经验是否对人格造成永久性影响因人而异，对于正常人来说，随着年龄的增长、心理的成熟化，童年的影响会逐渐缩小、减弱，其效果不会永久不衰。

五、学校教育因素

学校是一种有目的、有计划地向学生施加影响的教育场所。教师、班集体、同学与同伴等都是学校教育的元素。

教师对学生人格的发展具有指导定向作用。教师的人格特征、行为模式与思维方式对学生产生巨大影响。每个教师都有自己独特的风格，这种风格为学生设定了一个"气氛区"，在教师的不同气氛区中，学生表现出不同的行为表现。洛奇（Lodge）在一项教育研究中发现，在性情冷酷、刻板、专横的老师所管辖的班集体中，学生的欺骗行为增多；在友好、民主的教师气氛区中，学生的欺骗行为减少。心理学家勒温等人也研究了不同管教风格的教师对学生人格的影响作用。他们发现在专制型、放任型和民主型的管理风格下，学生表现出不同的人格特点。

教师的公平公正性对学生有着至关重要的影响。一项有关教师公正性对中学生学业与品德发展的研究结果表明，学生极为看重教师对他们是否公正、公平，教师的不公正表现会导致中学生的学业成绩和道德品质的降低。"皮格马利翁效应"就说明了每个学生都需要老师的关爱，在教师的关注下，他们会朝着老师期望的方向发展。实验研究表明，如果教师把自己的热情与期望投放在学生身上，学生会体察出老师的希望，并努力奋斗。很多学生都有受老师鼓励开始发奋图强，受老师批评而导致学习兴趣变化的人生体验。一位大学毕业生在谈到他的大学经历时说：大一高数不及格，正是高数老师的积极鼓励使他重新开始认识与定位大学生活，如果不是老师及时而积极的鼓励，也许他会放弃，正是老师的鼓励使学生更加珍惜大学时光，并考取硕士研究生。

学校是同龄群体会聚的场所，同伴群体对学生人格具有巨大的影响。班集体是学校的基本组织结构，班集体的特点、要求、舆论和评价对于学生人格的发展具有"弃恶扬善"的作用。

少年同伴群体也是一个结构分明的集体，群体内有具有上下级关系的"统领者"和"服从者"，有平行关系的"合作者"和"互助者"。这个群体中体现着不同于孩童与成人的少年亚文化特征。与幼童不同的是，孩子离开父母或被父母拒绝是幼童焦虑的最大根源；而少年的焦虑不安则来自于同辈群体的拒绝。在少年这个相对"自由轻松"的群体中，他们实习待人接物的礼节与群体规范，他们了解了什么样的性格容易被群体所接纳。在这个少年团体中，他们拥戴的是品学兼优的同伴。有人曾做过测验，分析了中学生喜欢哪种性质的学生领袖。结果是他们更喜欢学业优秀、办事老练、具有良好道德的学生领袖，而不是风头十足、具有漂亮仪表以及体育成绩优异的人。他们喜欢有能力、能胜任工作、高智商、精力充沛、富于创造的同伴。在少年期，男孩子比女孩子倾向于更大、更活跃的团体，他们多少会有些无视成人权威的倾向；而女孩子的团体则更显得合作与平和。一般来说，少年同伴团体性质是良好的，但也存在着不少年团伙，对少年造成了极坏的影响。学生对这种群体要避而远之，学校、家长及社会要用强有力的教育手段来"拆散"他们，防止他们对学校及社会产生不良危害。

总之，学校对人格形成与发展的影响是不可忽视的，学校是人格社会化的主要场所。教师对学生人格发展具有导向作用，同伴群体对人格发展具有"弃恶扬善"的作用。

六、自然物理因素

生态环境、气候条件、空间拥挤程度等这些物理因素都会影响人格。一个著名的跨文化心理学研究实例是，关于阿拉斯加州的爱斯基摩人（Eskimos）和非洲的特姆尼人（Temne）的比较研究。这个研究说明了生态环境对人格的影响作用。

爱斯基摩人以渔猎为生，夏天在船上打鱼，冬天在冰上打猎。主食为肉，没有蔬菜。过着流浪生活，以帐篷遮风避雨。这个民族以家庭为单元，男女平等，社会结构比较松散，除了家庭约束外，很少有持久、集中的政治与宗教权威。在这种生存环境下，父母对孩子的教养原则是能够适应成人的独立生存能力。男孩由父亲带着在外面教打猎，女孩由母亲带着在家里教家务。儿女教育比较宽松、自由、不受打骂，鼓励孩子自立，使孩子逐渐形成了坚定、独立、冒险的人格特征。而特姆尼人生活在杂色灌木丛生地带，以农业为主，种田为生。居住环境固定，形成300～500人的村落。社会结构紧固，有比较分化的社会阶层，建立了比较完整的部落规则。在哺乳期时，父母对孩子很疼爱，断奶后就要接受严格管教，使孩子形成了依赖、服从、保守的人格特点。由此可见，不同的生存环境影响了人格的形成。

另外，气温也会导致人的某些人格特征的频率提高。如热天会使人烦躁不安，对他人采取负面反应，甚至进攻，发生反社会行为。世界上炎热的地方，也是攻击行为较多的地方。另一项有关的实验室研究也进一步证实了这一点。

自然环境对人格不起决定性影响作用，更多地表现为一时性影响，而且多体现在行为层面上。自然物理环境对特定行为具有一定的解释作用。在不同的物理环境中，人可以表现出不同的行为特点。

七、自我调控因素

上述各因素体现的是人格培养的外因，而外因是通过内因起作用的。人格的自我调控系统就是人格发展的内部因素。人格调控系统是以自我意识为核心的。自我意识（self－consciousness）是人对自身以及对自己同客观世界的关系的意识，具有自我认知、自我体验、自我控制三个子系统。自我调控系统的主要作用是对人格的各个成分进行调控，保证人格的完整、统一、和谐。它属于人格中的内控系统或自控系统。

自我认知（self－cognition）是对自己的洞察和理解，包括自我观察和自我评价，其中自我评价是自我调节的重要条件。自我观察是对自己的感知、期望、行为以及人格特征的评价和评估。当一个人不能正确地认识自我，只看到自己的不足，觉得处处不如人，就会自卑，丧失信心，做事畏缩不前，甚至失败；相反，过高地评价自己，盲目乐观，也会导致出现失误。因此准确地认识自我，实事求是地评价自己，是自我调节和人格完善的重要途径之一。

自我体验（self－experience）是自我意识在情感上的表现，是伴随自我认识而产生的内心体验。当一个人对自己做正向的评价时，就会产生自尊感；做负向评价时，便会产生自卑感。自我体验的调节作用体现在它可以使自我认识转化为信念，进而指导其言行；同时，自我体验还能够伴随自我评价激励积极向上的行为或抑制不当行为。在一个人认识到自己的不当行为的后果时，会产生内疚、羞愧的情绪，从而收敛并制止自己不当行为再次发生。

自我控制（self－regulation）是自我意识在行为上的表现，是实现自我意识调节作用的最终环节。当个体认识到社会要求后，会力求使自己的行为符合社会准则，从而激发起自我控制的动机，并付诸行动。当一个学生意识到学习对于自己的发展具有重要意义时，会激发起他努力学习的动力，从而在行为上表现为刻苦学习、不怕困难、持之以恒、积极进取。自我控制包括自我监控、自我激励、自我教育等成分。

自我意识是通过自我认知、自我体验和自我控制三个方面来对个体进行调控的，使个体心理的各个方面和谐统一，使人格达到统合与完善。

综上所述，在人格的培育过程中，各种因素对人格的形成与发展起到了不同的作用。遗传决定了人格发展的可能性，环境决定了人格发展的现实性。

第三节 大学生常见的人格缺陷及其调适

一、大学生常见的人格发展缺陷

大学时代既是学习掌握知识的黄金时代，也是人格发展的重要阶段。但在大学生人格发展中普遍存在的人格发展不足主要有以下几方面：

（一）自卑

自卑感是对自己不满、鄙视、否定的情感。进入大学后，有些大学生发现山外有山，人外有人，尤其是当学习、社交、文体方面显露出某些不足时，就会陷入怀疑自己、否定自己的情绪之中，产生自卑心理。因此，自卑往往是自尊心受挫的结果，没有自尊心也就不会有自卑感，过强的自卑感往往又以过强的自尊心表现出来。有些大学生敏感脆弱，经不起批评，原因就在于此。

对于大学生来说，首先要正确认识自己，悦纳自己，人有所长也有所短，有所短也有所长，不要为自己的所短而自卑。其次要进行自信心磨炼，将目标定得小些，切合实际些，多积累成功的愉悦体验。再次要确立合理的评价参照系和立足点，若以强者为标准则可能自卑，因而寻找适合自己的评价标准就显得很重要。俗话说"人比人，气死人"，理性的比较方式是多与自己作纵向比较，而不是一味地与人作横向比较。有了足够的自信心，自卑感就会悄然而退。

（二）害羞

害羞在大学生中并不少见。比如不敢在大众场合发表意见，害怕与陌生人打交道，路上见到异性同学会手足无措，见到老师会难为情，说话感到紧张，等等。害羞是一个人自我防御心理过强的结果，他们常常过于胆小被动，过于谨小慎微，过于关注自己，自信心不足。他们特别注意自己在别人心目中的形象，总觉得自己时时处在众目睽睽之下，于是敏感拘束，一句话要在喉咙口反复多次，一件事总要左思右想，为此搞得神经紧张，坐立不安。

害羞之心人皆有之，但过分的害羞，不该害羞时害羞，尤其是成了一种习惯，则是有害的，它会导致压抑、孤独、焦虑等不良心理状态，还会阻碍人际交往，影响一个人才能的正常发挥。因此可通过有意识的调节来改变：

1. 要增强自信心

许多害羞者在知识才能和仪表方面并不比别人差。研究表明，怕羞的女大学生自以为长得不美，但不相识的男生凭照片都认为她们与那些社交活跃的女生一样动人。因此要正确评价自己，多看到自己的长处。

2. 放下思想包袱，不要过于计较别人的议论

每个人都会说错话、做错事，这并没什么大不了的，没有完美的人和事。即使有人议论也是正常的，俗话说："哪个人后无人说"，没必要太看重。"走自己的路，让别人去说吧！"这会使自己变得更洒脱。

3. 要有意识地锻炼自己

胆量和能力都是锻炼的结果，要敢于说第一句话，敢于迈第一步。上课、开会时尽管坐到前排去；走路时抬头挺胸，把速度提高四分之一；主动、大胆地和别人，尤其是陌生人、异性、老师讲话；与人说话时，正视对方的眼睛；在高兴时开怀大笑，等等。

（三）无聊

无聊心理的主要特点是空虚、幻想、被动，感觉不到自我的存在的意义与人生的价值，其核心在于没有确立合适的人生目标。空虚是因为没有目标或目标太低，人一旦失去目标的牵引，生活就没有动力；缺乏对生命意义的深刻认识，就会出现茫茫然混日子的现象，对生命意义的否定发展到极端是对生命的否定；幻想是由于目标定位不准确或者目标太多而导致的心理负担，实质是对责任的恐惧；被动是由于目标不是自己内心的渴望，未获得内心的自觉与认同，只是为学习而学习，为考试而考试，疲于应付，学习生活中缺乏主动性和创造性。克服无聊心理的根本方法是确立恰当的人生目标，并由人生目标牵引着实现自己的人生价值。

（四）懒散

懒散是指一种慵懒、闲散、拖拉、疲沓、松垮的生存状态。主要表现在：活力不足，什么也不想做，没有计划，随波逐流；无法将精力集中在学业中，无法从事自己喜欢的事，百无聊赖，心情不爽，情绪不佳，犹豫不决，顾此失彼，做事磨蹭。在大学生活中常常是踏着铃声进教室，常为自己的懒散寻求合适的解释，做事一误再误，无休止地拖下去，虽下决心改正，但不能自拔，不接受教训，对任何事没有信心，没有欲望。处于懒惰状态的大学生也常因此感到内疚、自责、后悔，但又觉得无力自拔，心有余而力不足。这主要是因为他们往往想得多而做得少，缺乏毅力所致。要克服懒惰，应充分认识到其危害性，自己对自己负责，振作精神，起而行之，从日常小事做起，并努力做到不给自己找借口，自我监控，学习运筹和管理时

间。不原谅自己的偷懒，力争今日的事今日毕，多与人交往，多关心外部世界，多参加有益身心的社会活动。而要做到这一切，有一个坚定而有价值的理想是非常重要的。正如学者所言：你是容量极大的水库，里面蓄积了从未使用过却随时随地可以供你使用的你的天赋与才干，但如果拖拉和胆怯使你永远无法打开那智慧的闸门，那水库也就如同空的一样。

（五）抑郁

抑郁是大学生常见的情绪困扰，是一种感到无力应付外界压力而产生的消极情绪，常伴有厌恶、痛苦、羞愧、自卑等情绪体验。抑郁人皆有之，对于大多数人来说，抑郁只是偶尔出现，时过境迁，很快会消失；但那些性格内向、多疑多虑、不爱交际、生活中遭遇意外挫折的人更容易长期处于抑郁状态，甚至导致抑郁症。

抑郁的大学生的主要表现是：情绪低落，郁郁寡欢，闷闷不乐，思维迟缓，兴趣丧失，缺乏活力，反应迟钝，干什么都打不起精神，体验不到快乐。抑郁在低年级大学生中更为普遍。所谓的周末综合征在很大程度上即抑郁。

要避免抑郁或从抑郁中解脱出来，就需要正确地评价自己，看清自己的长处，建立自尊，增强自信；调整认知方式，建立理性认知，不把事物看成非黑即白；扩大人际交往，多与人沟通，多交朋友。如果抑郁情绪较严重，应寻求心理咨询帮助。

（六）拖拉

拖拉是不少大学生的通病。拖拉是指可以完成的事而不及时完成，今天推明天，明天推后天，"春天不是读书天，夏日炎炎正好眠，秋多蚊虫冬又冷，一心收拾待明年"。导致拖拉的原因有：一是试图逃避困难的事，二是目标不明确，三是惰性作怪。拖拉一方面耽误学习、工作，另一方面并没有使人因此而轻松些，相反往往会导致心理压力，引起焦虑，总觉得有事情没完成，干别的事也难以安心，还会贻误时机。

改变拖拉这个通病，首先要充分认识其危害性，找到自己拖拉的原因，下决心改变。其次要科学安排时间，凡事有轻重缓急，要一件一件完成，还要讲究科学的学习和工作方法。再次要敢于做不合心意或者需要花大力气的工作。必须完成的事，与其拖着、欠着，还不如及早动手干，完成后会有一种如释重负的感觉，会有一种欣喜感、满足感、成就感，而拖拖拉拉只会带来疲倦、松垮及焦虑。

（七）退缩

退缩是指在困难面前表现出怯懦与畏难的心理恐惧，选择逃避与后退。主要表现是：在困难面前缺乏勇气和信心，不表明自己的态度，不敢承担责任，不敢冒险，不敢与坏人坏事做斗争，回避困难，逃避责任等，这样的人常常抱怨自身的不幸，却宁愿忍受痛苦而不主动追求。但越是这样回避矛盾、躲避失败，越是容易体验到强烈的挫折感。克服退缩的办法是：鼓励自己积极应对生活中的挫折，积极锻炼，不怕失败，不怕丢面子，不怕担子重，多给自己鼓励和加压，发现自己的优点，变被动为主动。克服退缩心理需要勇气与毅力。

（八）褊狭

褊狭是人们常常说的"小心眼"，主要表现为心胸狭窄，耿耿于怀，挑剔，嫉妒。褊狭是一种有百害而无一利的人格特征。褊狭人格多出现于性格内向者，尤其是女性。褊狭不是与生俱来的，而是后天习得的。因而，克服褊狭人格首先要学会宽容，能够容人容事，正确看待生活中出现的矛盾冲突，对事不对人；其次要开阔心胸，拓展视野。人一旦心胸狭窄，就容易进入管状思维，只见树木，不见森林。

（九）虚荣

虚荣是指过分看重荣誉、他人的赞美，自以为是。虚荣心往往与自尊心、自卑感紧紧相连。没有自尊心，就没有虚荣心，也就没有自卑感。虚荣心是自尊心与自卑感的混合产物。虚荣心强的人一般性格内向，情感脆弱，自尊敏感，虽然有些自卑，又担心别人伤害自己的尊严，过分介意别人的评论与批评，与人交往时防御性强，喜欢抬高自己的形象，他们捍卫的是虚假的、脆弱的自我。克服过强的虚荣心，首先要对虚荣心的危害性有明确的认识；其次要正确看待名利，正视自己的优势与不足，扬长避短；再次是树立健康与积极的荣誉心，正确表现自己，不卑不亢，正确对待个人得失与他人评价；第四，不为外界的议论所左右，正确对待个人得失。

（十）自我中心

自我中心是指考虑问题、处理事情都以自我为中心，将自我作为思考问题的出发点与归宿。表现为一切以自己为出发点，目中无人，甚至自私自利，遇到冲突时，认为对的是自己，而错的是他人。特别是那些自尊心强、优越感强、自信心高、独立的大学生，比较容易陷入自我中心之中，当这种倾向与一些不健康的思想意识（如个人主义、自私自利）和心理特征（如过强的自尊心、唯我独尊）相结合，自我中心与自我膨胀便呈现出来。改变自我中心的途径主要有：第一，树立健康的人生观，自觉地将自己和他人、集体结合起来，走出自己的小天地；第二，恰当地评价自己，既不低估也不高估，既不妄自菲薄，也不自高自大；第三，尊重他人，只有尊重和信任才能获得友谊；第四，设身处地地从他人的角度思考问题，将心比心，真诚地关爱他人，从而做到"我爱人人，人人爱我"。别害怕爱，没有爱就不会得到快乐。爱人，爱美，爱一切可爱与美好的东西，把一天的光阴分一部分给爱。健康的身体需要新鲜的空气，健康的精神需要纯洁的爱慕。但是，要想得到爱，一定要使自己可爱。

二、大学生常见的人格障碍及其调适

人格障碍，是指人格发展的内在不协调，指在没有认知障碍或智力障碍的情况下，个体出现的情绪反应、动机和行为活动的异常。多数心理学家认同病态人格区别于精神病，它是正常人格的一种变异，介于精神病与正常人之间。人格障碍者行为问题的程度不同，有的人在社会生活中与正常人一样生活，只有他的家人才能感觉到他的怪癖与难以相处；严重者表现为明显的社会适应障碍，不能正常地学习和生活。值得重视的是，人格障碍与精神病是相互转化的，严重的人格障碍如果得不到及时、有效的矫正，会成为精神病的高发人群。

心理活动的"常态"和"变态"是相对而言的，人格异常的人与普通人实际上并无明显的界限。人格障碍与正常人格的主要区别在于：（1）社会的接受性。凡是符合社会规范、道德标准与价值观念而为社会所接受的人格表现，则居正确人格之列；否则，即为人格障碍。（2）生活的适应性。凡是适应其所生活、工作的环境则属正常人格，而人格障碍者则或多或少的与其生活、工作的环境不相适应。（3）主观的感受。正常人格者和人格障碍者的主观感受是有区别的，例如，正常人格者在主观感受上总是接受他们所生存的社会，而有人格障碍者则难以接受他所生存的社会。

由于人格障碍在大学生中属于少数，因而常常不能引起高度重视，但人格障碍的学生一滋事，就绝非小事。

人格障碍的类型有很多，目前尚无统一公认的分类。参照美国《心理障碍的诊断和统计手册》（DSM－Ⅲ）中的分类，人格障碍分三大类群。第一类行为怪癖、奇异为特点，包括偏执型、分裂型人格障碍；第二类以情感强烈、不稳定为特点，包括癔症型、自恋型、反社会型、攻击型人格障碍；第三类以紧张、退缩为特点，包括回避型和依赖型人格特征。

我们选取大学生中出现频度相对较高的自恋型人格与回避型人格作一简要介绍。

（一）自恋型人格

根据《心理障碍的诊断和统计手册》（DSM－Ⅲ）的描述，自恋型人格的主要特征如下：

（1）对批评的反应是愤怒、羞愧或者耻辱，有时未必直接表露出来。

（2）喜欢指使别人，要他人为自己服务。

（3）过分自高自大，对自己的才能夸大其辞，希望受到特别关注。

（4）坚信他关注的问题是世界上独有的，不能被某些特殊人物了解。

（5）对无限的成功、权力、荣誉、美丽或理想的爱情有非分的幻想。

（6）认为自己应享有他人没有的特权。

（7）渴望持久的关注与赞美。

（8）缺乏同情心。

（9）有很强的嫉妒心。

自恋型人格的核心特征是以自我为中心。自恋型人格的大学生，自我评价过高，主观自我高于客观自我，因而在生活中爱听表扬，忌听批评，且具有高度幻想性，特别是过高的自我评价带来成功的虚幻体验，过度自信，希望引起别人的重视。一般而言，这类大学生天赋较好，一直处于被关注的中心，自信心与自尊心都较强，缺乏失败的生活经历与亲身体验，因而生活在理想世界中，当面临挫折甚至失败时，无法面对现实世界而导致心理崩溃。

自我调适的方法为：

1. 抛弃自我中心观

自恋型人格的最主要特征是自我中心，而人生中最为自我中心的阶段是婴儿时期。由此可见，自恋型人格障碍患者的行为实际上退化到了婴儿期。朱迪斯·维尔斯特在他的《必要的丧失》一书中说道："一个迷恋于摇篮的人不愿丧失童年，也就不能适应成人的世界"。因此，要治疗自恋型人格，必须了解那些婴儿化的行为。你可把自己认为讨人厌嫌的人格特征和别人对你的批评罗列下来，看看有多少婴儿期的成分。例如：

（1）渴望持久的关注与赞美，一旦不被注意便采用偏激的行为。

（2）喜欢指使别人，把自己看成太上皇。

（3）对别人的好东西垂涎欲滴，对别人的成功无比嫉妒。

通过回忆自己的童年，你可发现以上人格特点在童年便有其原形。例如：

（1）希望被关注与赞美，每当父母忽视这一点时，便要无赖、捣蛋或做些异想天开的动作以吸引父母的注意。

（2）童年时衣来伸手，饭来张口，父母是仆人。

（3）总想占有一切，别的小朋友有的，自己也想有。

明白了自己的行为是童年幼稚行为的翻版后，你便要时常告诫自己：

（1）我必须努力学习，以取得成绩来吸引别人的关注与赞美。

（2）我不再是儿童了，许多事都要自己动手去做。

（3）每个人都有属于自己的好东西，我要争取我应得到的，但不嫉妒别人应得的。还可以请一位和你亲近的人作为你的监督者，一旦你出现自我中心的行为，便给予警告和提示，督促你及时改正。通过这些努力，自我中心观是会慢慢抛弃的。

2. 学会爱别人

对于自恋型的人来说，光抛弃自我中心观念还不够，还必须学会去爱别人，唯有如此才能真正体会到放弃自我中心观是一种明智的选择，因为你要获得爱，首先必须付出爱。弗洛姆在他的《爱的艺术》一书中阐述了这样的观点：幼儿的爱遵循"我爱因为我被爱"的原则；成熟的爱遵循"我被爱因为我爱"的原则；不成熟的爱认为"我爱你因为我需要你"；成熟的爱认为"我需要你因为我爱你"。维尔斯特认为，通过爱，我们可以超越人生。自恋型的爱就像是幼儿的爱，不成熟的爱，因此，要努力加以改正。

生活中最简单的爱的行为便是关心别人，尤其是当别人需要你帮助的时候。当别人生病时及时送上一份问候，病人会真诚地感激你；当别人在经济上有困难时，你力所能及地解囊相助，便自然会得到别人的尊敬。只要你在生活中多一份对他人的爱心，你的自恋症便会自然减轻。

心理学家认为：每个人都存在不同程度的自恋倾向，但绝大多数人没有成为自恋型人格。为什么？因为在人的成长过程中，社会化起到重要的作用。在与他人的交往中，我们逐步发现自己的不足，调整自我，并在与他人的社会比较中，确立正确的自我观，走出自我中心的误区。

（二）回避型人格

根据《心理障碍的诊断和统计手册》（DSM－Ⅲ），回避型人格主要有以下几点特征：

（1）在没有从他人处得到大量的建议与保证之前，对日常事物不能做出决策。

（2）明显的无助感，希望别人为自己做出人生的重要决定。

（3）依赖性，很少独立地开展计划或行动。

（4）过度容忍，为讨好别人，甘心做自己内心不愿意做的事，不轻易拒绝别人。

（5）容易因未得到赞许或遭到批评而受到伤害。

（6）当亲密关系中止时感到失落无助，甚至崩溃。

（7）经常有被人遗弃的念头并受此折磨，且在交往中，担心被朋友遗弃，不坚持自己的观点。

回避型人格的核心是退缩。当面临内心的冲突时，他不是选择解决问题而是选择逃避，一味的迁就忍让。这与个体的不良成长环境与早期生活经验有关。

自我调适的方法有：

1. 消除自卑感

（1）要正确认识自己，提高自我评价。形成自卑感的最主要原因是不能正确认识和对待自己，因此要消除自卑心理，须从改变认识入手。要善于发现自己的长处，肯定自己的成绩，不要把别人看得十全十美，把自己看得一无是处，认识到他人也会有不足之处。只有提高自我评价，才能提高自信心，克服自卑感。

（2）要正确认识自卑感的利与弊，提高克服自卑感的自信心。有的人把自卑心理看做是一种有弊无利的不治之症，因而感到悲观绝望，这是一种不正确的认识，不仅不利于自卑心理的消除，反而会加重自卑心理。心理学家认为，自卑的人不仅要正确认识自己各方面的特长，而且要正确看待自己的自卑心理。自卑的人往往都很谦虚，善于体谅人，不会与人争名夺利，安分随和，善于思考，做事谨慎，一般人都较相信他们，并乐于与他们相处。指出自卑者的这些优点，不是要他们保持自卑，而是要使他们明白，自卑感也有其有利的一面，不要因为有自卑感而绝望，认识这些优点可以增强生活的信心，为消除自卑感奠定心理基础。

（3）要进行积极的自我暗示，自我鼓励，相信事在人为。当面临某种情况感到自信心不足时，不妨自己给自己壮胆："我一定会成功，一定会的。"或者不妨自问："人人都能干，我为什么不能干？我不也是人吗？"如果怀着"豁出去了"的心理去从事自己的活动，事先不过多地体验失败后的情绪，就会产生自信心。

2．克服人际交往障碍

回避型人格的人都存在着不同程度的交往障碍，因此必须按梯级任务作业的要求给自己定一个交朋友的计划。起始的级别比较低，任务比较简单，以后逐步加深难度。例如：

第一个星期，每天与同事（或邻居、亲戚、室友等）聊天十分钟。

第二个星期，每天与他人聊天二十分钟，同时与其中某一位多聊十分钟。

第三个星期，保持上周的交友时间量，找一位朋友作不计时的随意谈心。

第四个星期，保持上周的交友时间量，找几位朋友在周末小聚一次，随意聊天，或家宴，或郊游。

第五个星期，保持上周的交友时间量，积极参加各种思想交流、学术交流、技术交流等。

第六个星期，保持上周的交友时间量，尝试去与陌生人或不太熟悉的人交往。

一般说来，上述梯级任务看似轻松，但认真做起来并不是一件轻松的事。最好找一个监督员，让他来评定执行情况，并督促自己坚持下去。

其实，第六个星期的任务已超出常人的生活习惯，但作为治疗手段，在强度上超出常规生活是适宜的。在开始进行梯级任务时，你可能会觉得很困难，也可能觉得毫无趣味，这些都要尽量设法克服，以取得良好的自我调适的效果。

第四节　大学生健全人格的培养

一、健全人格的特征

健全人格指各种良好人格特征在个体身上的集中体现。国内外学者都对健全人格做了研究。Havingurst（1952）综合许多心理学家的意见，认为个体具有以下九种有价值的心理特质即为心理健康：（1）幸福感，这是最有价值的特质；（2）和谐，包括内在和谐及与环境的和谐；（3）自尊感；（4）个人的成长，即潜能的发挥；（5）个人的成熟；（6）人格的统整；（7）与环境保持良好接触；（8）在环境中保持有效的适应；（9）在环境中保持相对独立。

罗杰斯提出"机能充分发挥型人"的特征包括：（1）接受自身体验的意愿；（2）对自我的信任；（3）自我依赖；（4）作为人而继续成长的意愿。

阿尔伯特提出人格健康的六条标准为：（1）力争自我的成长；（2）能客观地看待自己；（3）人生观的统一；（4）有与别人建立和睦关系的能力；（5）人生所需的能力、知识和技能的获得；（6）具有同情心和对一切生命的爱。

人本主义心理学家弗洛姆提出"创发者"模式，他认为"创发者"有以下四个特征：（1）创发性爱情；（2）创发性思维；（3）有真正的幸福感；（4）以良心为其定向系统。

白博文提出健康人格的条件有：（1）自知之明；（2）自我统整；（3）良好的人际关系；（4）乐观进取的工作态度；（5）明达的人生观。

高玉祥认为，健全人格的特点有：（1）内部心理和谐发展；（2）人格健全者能够正确处理人际关系，发展友谊；（3）人格健全者能把自己的智慧和能力有效地运用到能获得成功的工作和事业上。

这些阐述都是人格健全者的标志，生活中很多人达不到这个标准，但这些都为我们健全人格的培养提供了一种范式。我们认为，大学生健全人格包括以下几个方面的内容：

一是自我悦纳，接纳他人。人格健全的学生能够积极的开放自我，正确地认识自己，坦率地接受自己的囿限，并对生活持乐观向上的态度。

二是人际关系和谐。人格健全者心胸开阔，善解人意，宽容他人，尊重自己也尊重他人，对不同的人际交往对象表现出合适的态度，既不狂妄自大，也不妄自菲薄，在人际关系中吸引人，深受大家的喜欢。

三是独立自尊。人格健全者人生态度乐观向上，生活态度积极热情，有正确的人生观与价值观，能够用理性分析生活事件，头脑中非理性观念较少。人格独立，自信自尊。

四是能够发挥自己的潜能。人格健全的大学生具有自我发展、自我塑造与自我完善的能力。能够充分开发自身的创造力，创造性地生活，发现生命的意义并选择有意义的生活。

二、健全人格塑造的方法与途径

塑造健全的人格有三个途径，即早期教育，学校、家庭、社会协同教育，自我教育和终身教育。自我教育和终身教育则是大学生塑造健全人格的根本途径。塑造大学生健全人格的主要途径有以下七个方面：

（一）认识自我，优化人格整合

认识自我是改变自我的开始，为了有效地进行人格塑造，应该首先充分了解自己的人格状况，明确人格塑造的目标、内容、途径和方法。人格塑造也就是为了实现优化人格整合，以达到人格的健全。整合是使人格的各个方面逐渐由最初的互补相关，发展到一种和谐一致的状态的过程。优化的过程既选择某些优良的人格特征作为自己努力的目标，同时针对自己人格上的缺点、弱点予以纠正。

（二）努力学习科学文化知识

"文化的最后成果是人格"。智慧是人格的基本要素之一，学习知识、增长智慧的过程就是人格优化的过程。现实中不少人格的缺陷是源于知识的贫乏，如无知容易使人粗鲁、自卑，而丰富的知识容易使人自信、坚定、理智、礼貌等。正如培根所说："知识就是力量""读史使人明志，读诗使人灵秀""数学使人周密，科学使人深刻，伦理学使人庄重，逻辑修辞之学使人善变，凡有所学皆成性格"。

（三）从小事做起，培养坚强的意志

人格的塑造是一个艰苦漫长的过程，因此，健全人格的形成要从眼前的每一件小事做起。一个人的所言所行往往是其人格的外化，反过来，一个人日常言行的积淀成为习惯后就形成人格。诸如：一个人的坚韧、毅力、细致，乃至开朗、热情、乐观等健康人格特征都是长期磨炼的结果。

（四）善于把自己融入集体之中

健全人格的发展、塑造过程，是个人社会化的过程。社会集体是塑造健康人格的土壤，它不仅是一个人展现其人格的舞台，也是其认识自己人格的一面镜子。每个人只有在集体中才能发现自己人格的优劣，比如自己的某些人格品质受到赞扬、鼓励，或是受到压制、排斥等，从而有助于自身做出有针对性的调整。因此大学生

应主动、积极、热情地参与集体活动，把自己融入集体之中，有效地塑造自己的健全人格。

（五）锻炼身体，强壮体魄

人格发展的过程是体质、心理因素与智力因素协同作用、相互促进的过程，健康的体质是健康人格发展的物质基础。一个体弱多病的人是难以发展健康人格的，拖拉、懒惰、急躁、懦弱等人格发展缺陷与缺乏体育锻炼明显有关。

（六）与人坦率相处

保持自然纯真的自我，让别人看到你的长处和缺点，也让别人分享你的快乐和痛苦。心理学家杰拉德指出：能将内心对重视你的人敞开是性格健全的重要特征。同时，要拥有健康的性格，向别人开放自己的内心是最好的办法，所以，健全人格的有效途径是多与他人沟通意见，对别人袒露你的内心。

（七）防止"过犹不及"

凡事都有度，人格发展和表现的度是十分重要的。人格塑造过程中应把握辩证思维，掌握好度，否则就会过犹不及，适得其反。具体来说，应该是自信而不自负，自谦而不自卑，勇敢而不鲁莽，果断而不冒失，稳重而不多疑，忠厚而不愚昧，干练而不世故，等等。度的把握还表现在不同的人格特质要协调发展，做到"刚柔并济"，这样才能形成合理、和谐的人格结构。

【学习与思考】

1. 大学生人格发展中值得关注的问题有哪些？你认为应如何完善自我人格？

2. 心理训练：

（1）畅想未来，请你认真想象五年以后的此时此刻你正在做什么？十年以后呢？二十年以后呢？

（2）假设你的生命只有三小时，你只能做三件事。请问你最想做什么？

（3）你生命中最想实现的三个愿望是什么？

3. 认真分析一下你的家庭教养方式，评述家庭对你成长的影响。

第五章　大学生挫折心理

如果将幸福、快乐比作太阳，那么挫折失败就好比月亮。挫折和失败都是人生中必然会遇到的，然而对于不同的人来说，它们有着不同的意义，有人把挫折当作自己完美人生的点缀，而有人却把挫折当成人生中永远的痛；有人把挫折当作成功的垫脚石，而有人却把挫折当作前行的绊脚石，所以怎么看待挫折取决于我们对待挫折的态度。通过本章的学习，让我们学会面对挫折时我们应该从不同的角度看待它对于我们人生的意义，学会看到挫折背后蕴涵的积极意义，在挫折中吸取教训。心理学家认为，经受过挫折和失败的人，能够勇敢地迎接挑战，经过多年的磨炼，会具备一种强大的能力。

第一节　挫折的概述

一、认识挫折

挫折就是当目标和需要遇到无法克服或自以为无法克服的阻碍而不能实现、满足时，人们所产生的紧张、焦虑、愤怒、失落等情绪反应。在现实生活中，每个人都面临着不同的人生课题，在解决这些人生课题的过程中，困难是时时存在的。我们在实现自己的目标的过程中，动力性行为会有三种不同的结果：一是无须特别努力即可达到目标，需要很容易满足；二是遇到干扰和障碍，但经过努力或采取某种方法仍可达到目标；三是遇到干扰和障碍使目标不能达到，需要不能满足。在心理学上把第三种情况称之为挫折。挫折包括以下三个方面：

1. 挫折情境

挫折情境指阻碍实现目标的各种主观、客观因素。这种情境状态既可能是实际遭遇的，也可能是想象中的。

2. 挫折认知

挫折认知指对实际遭遇的或者想象中的挫折情境的认识和评价。也就是说，如果在现实目标过程中，客观上有阻碍存在，但是在主观上并无知觉，也不会产生挫折感。

3. 挫折反应

挫折反应指需要不能得到满足时产生的情绪和行为反应。如愤怒、焦虑、躲避、攻击等。

二、影响挫折感的因素

1. 需要和动机的强度

一般需要越迫切，动机感越强烈，受到阻碍之后的挫折感就越强。

2. 自我期望值

如果一个人的抱负水平和期望值总是高于自己的实际能力，因此无法达到预期目标，就容易产生挫折感。主要有以下三种情况：

（1）期望值绝对化：要求自己只能成功，不能失败。

（2）过分的概括化：以偏概全，以点概面，即使是喜忧参半的事情，看到的也只是消极的一面。

（3）悲观引申：一方面失败了，就全盘把自己否定了。

3. 归因不当

对于某种行为的原因进行解释推测，而归结出与事实不符的原因，易产生挫折感。比如有的同学在评优或者入党等问题上没有成功，做横向比较的时候不得当，就容易心理失衡，产生挫折感。

4. 个人抱负水平的高低

抱负水平是指按达到目标规定的标准。抱负水平高的人比抱负水平低的人容易产生挫折感。

三、挫折产生的原因

人们产生的任何心理挫折，都与其当时所处的情境有关。构成挫折情境的因素是多种多样的，分析起来主要有两大类。

（一）客观原因

1. 自然环境因素

自然环境因素是指非人力所能及的一切客观因素，例如台风、地震、干旱、洪水、疾病、事故等。对于大学生来说，大学生疾病、家庭遭自然灾害导致贫困等都可以导致挫折。如正当踌躇满志的大学生收到一个极有影响的工作单位的面试通知，设想着美好的前程之时，一场突如其来的大病却使他不能参加面试，丧失了应聘的良机，从而产生了挫折感。

2．社会环境因素

构成挫折的社会因素是指个人在社会生活中受到的各种人为因素的限制与阻碍，包括政治、经济、法律、道德、宗教、风俗习惯等方面。

我国正处在一个由计划经济体制向市场经济体制转化的时期，既有的生活方式、价值观念、评价体系、行为模式等方面正发生着根本性的变化。这种深刻的社会变革在客观上对当代大学生的心理带来了深刻的影响。

首先，市场经济呼唤人的主体意识，承认个人利益的合理性，鼓励积极竞争和个人的发展，要求人们锐意进取、开拓创新，原先的安贫乐道、知足常乐的观念正受到挑战。面对这种变化，如何处理个人与他人、个体发展与社会发展、合作与竞争等关系往往令成长中的大学生充满了迷茫，一方面，原有的价值观还在对其发生影响，另一方面，他们又希望张扬自己的个性，施展自己的才华。这种冲突会增加大学生的挫折感。

其次，当代大学生身处东西方价值观并存且互相冲突的复杂环境中，各种外来思潮的涌入，直接影响大学生的价值选择。文化心理学家霍兰·威尔提出，在某些情况下，外来文化移入压力会对人们的心理健康具有非常有害的影响。这是因为，当一种文化移入另一种文化时，由于文化刺激的泛滥，会造成价值体系的重新认知和整合，使人们难以依据已有的认知经验合理而又准确地选择和认同一种社会价值观念系统，从而陷入无以参照、无以归附的境地，也容易产生心理失调和挫折感。对于我们这种专业的外语学院的学生来说，这种文化冲突就体现得更为明显。

第三，社会转型期对大学生的评价、需求也发生了变化。随着我国各项改革的进一步深化，大学生已不再是"天之骄子"，大学毕业时仍需要面临更为激烈的职业竞争，这也会在一定程度上增加他们的心理挫折，尤其是长线专业或非名牌大学的学生的心理反应更为强烈。与此同时，大学生必须和大多数同龄人一样为生存而拼搏。这些反差，很容易使大学生产生挫折感。

社会环境因素造成的挫折比自然环境因素造成的挫折更多，并且引起的后果更严重。因为自然环境因素造成的挫折使人想到"天有不测风云"，心理容易接受些；而社会因素造成的挫折大多是人为的，使人感到可以不发生的事情却发生了，让人的心理难以承受，情绪反应相对更为强烈。

3．学校环境因素

有研究表明，从高考到入校后的二三年中，大学生中普遍存在有挫折感，且91.3%的学生曾遭受三项以上的挫折，主要涉及学习目标、政治目标（入党、评优等）及经济自助等。这些挫折的产生，除了和学生自身因素密切相关之外，一个不可忽视的影响因素就是学校环境，主要表现为学习环境、学校管理制度及方式、教师的职业道德与业务能力、班级的氛围等。

4. 家庭因素

家庭的一些潜在或显性的条件，如家庭的自然结构、家庭的人际关系、家庭的教育方式、家庭的抚养方式以及家长的素质等对大学生的心理挫折都有直接或间接的影响。有关研究表明，大学生的不少心理问题是与家庭生活的不良背景、早期不良家庭生活经历联系在一起的。自小娇生惯养、过分受保护、被溺爱的孩子进入大学后，更容易产生心理挫折。家庭贫穷、双亲不和或单亲家庭的孩子，由于父母对他们过分管制或放任不管，他们上大学后，有些人表现得蛮横无理或做出一些违背社会规范的反常举动；有些人表现出内向、孤僻的性格，很少与人交往，不易表露感情，抑郁寡欢，也容易产生心理挫折。

家庭的社会经济状况对大学生的心理产生着潜在影响，贫困大学生除要面对所有大学生面对的个人发展与就业压力外，还要面临巨大的生活压力与经济压力，会导致更多的心理冲突，而产生挫折感。

(二) 主观原因

1. 个体生理条件

个体因生理因素比如体力、外貌、健康以及某些生理缺陷带来的限制，导致行动的失败，无法实现既定目标。比如有的学生因为身高问题想加入篮球队而不能如愿；色盲的人不能从事自己喜爱的美术工作，等等。所有这些由于生理因素而产生的逆境都会让一些大学生产生受挫心理。当然，这个在很大程度上与社会的某些价值观及个人对这些特征的自我评价有关。

2. 认知模式

任何的心理问题和心理障碍都是有认知根源的，不健康的心理常常来源于不健康的认知。所知决定所感，所感决定所行，感受与行为往往是显露在外的，人们很容易就捕捉到了，而认知却是内隐的，它决定着人们的行为但是却不为人们所察觉。这也是挫折心理难以克服的重要因素之一。

3. 人格特征

一般来说，人格特征有缺陷的人倾向于对生活做悲观消极的评价，容易产生挫折心理。比如性格内向、孤僻的大学生，在人际交往中就显得很敏感，常常将他人无意的一些动作、话语误解成为是对自己的排斥，进而产生抑郁、畏惧等不良情绪。严重的可能会产生恐惧心理，出现人际交往障碍。

4. 动机冲突

在现实生活中，人们有各种各样的需要，常常会因为多种需要而产生多个动机，分别指向多个目标。当这些并存的动机相互之间是排斥的，或者由于种种原因不能全部实现需要，有所取舍的时候，就形成了动机冲突。动机冲突常常导致部分需要和目标不能满足和实现，于是就造成了挫折。动机冲突也是构成挫折的个人因素的一个方面。动机冲突在我们的生活中是经常出现的，也是大学生的重要挫折源。

（1）双趋冲突："鱼和熊掌不可兼得"，面临两个期待事物之间的选择冲突（例如学习和工作）。

（2）双避冲突：两个希望避开事物之间的选择冲突，都厌恶，却又不能同时避开，二者必居其一。例如：既不想好好学习，又怕考试不及格。

（3）趋避冲突：既有利又有害的选择。例如：想参加活动锻炼才能，又担心花费时间。

（4）双趋避冲突：面临两个目标各有长短，一方面都想达到，又都试图避开。例如：面临两个各有千秋的异性大学生追求时，往往会陷入这种心理。

第二节　大学生易遭遇的挫折和受挫后的心理防御机制

一、大学生易遭遇的挫折

现今的大学生大多生活道路较为平坦，生活阅历较为简单，经历的挫折也较少，因此当一遭遇挫折的时候就容易产生各种不良的心理行为表现。大体上说，大学生的挫折类型可以归纳为以下几种：

（一）学业挫折

学业挫折是因为学习上的失败或事物而给学生造成的一种心理障碍。学业挫折是中国大学生挫折心理中比较常见、表现比较突出的一种挫折类型。对于自己大学所学的专业不感兴趣，学习的动力不足，学习的目标不明确；还有的学生因为参加各种团学组织，对于学习和其他活动的关系处理失当，无法合理分配学习的时间；有的同学盲目地参加各种社会实践活动，增加自己的社会阅历，导致学习成绩下降；有的学生认为进了大学就是进了"保险箱"，不自觉地就放松了对自己的要求，甚至经常沉溺于网吧、游戏室，看到学习成绩不合格时，后悔莫及。这些都不可避免地带给大学生学习上的挫折。

【案例】

某高校的大学生小李说："以前我在高中时期可以说是佼佼者，可是到了大学之后，发现大家都很优秀，人人都好像比我强，自己就好像变成了巨人堆里的矮子，老是担心自己成绩差，考试考不好。师哥师姐还告诉我们要多过级，多拿各种证书，最好还要考研来增加自己的含金量。现在我每天一上床就做噩梦，上课也不能集中精神，书也看不进去，眼看要到期末了，我都不知道自己该怎么办？"

（二）生活挫折

大学生刚刚脱离了父母的怀抱，开始独立的生活，而且大家来自不同的地区和家庭，家庭情况，经济状况，求学经历，生活阅历，甚至地方文化都有所不同。在他们适应大学生活和老师同学磨合的初期，总觉得很不易，求学艰难。有的人家庭经济相对困难，求学很艰难；有的人身体不好，心灰意冷；有的人娇生惯养，缺乏独立生活、自我管理的能力，离开父母就无所适从等。这些因素都会造成大学生的挫折心理。

（三）情感挫折

大学的环境宽松自由，男女生之间的交往增多，在交往的过程中不少学生坠入情网。然而，由于缺乏生活经历，或者择偶标准不实际，或是恋爱动机不端正，或是由于家庭或者社会舆论的压力，或是在交往中发现彼此性格不合，或是单相思，陷入失恋的痛苦中。这些都会给学生造成巨大的挫折感。

（四）人际交往挫折

大学生普遍具有强烈的交往意识，重视人际交往，珍视友谊。但是由于大学生来自五湖四海，每个人家庭背景、经济条件、生活阅历、习惯、兴趣爱好等各不相同，有人的比较内向、羞涩、不擅交际，有的人以自我为中心，有的人性格开朗、乐于助人等。这些不同性格的同学生活在一起，必然需要一个相互了解适应的过程，难免会出现诸如同学之间兴趣爱好迥异、习惯观点不合等各种问题。有时候一件旁人看起来很小的事情，就可能挑起事端、产生矛盾。有的同学一旦交往失败，就认为同学难以相处，朋友难以寻觅，把自己局限在一个很小的人际交往圈子里，甚至不和人交往。这样就容易产生孤独感，引发心理问题。

（五）健康挫折

由于生理的疾病造成追求不能得到满足时而产生的挫折感。健康的身体是人生活的基础。有的同学由于体弱多病或者身体有某种残疾，从而产生了自卑心理，自我封闭，几乎断绝了与他人交往，或者在交往中不自信，因而感到痛苦，并影响自尊心，使心理受挫。

（六）就业挫折

目前，随着高校毕业生的日益增加，大学生的就业形势日趋严峻，很多大学生在就业的过程中体验到了就业挫折。比如有的人不能正确评价自己，缺乏自信，瞻前顾后，没有主见；而有的却盲目自大，过于自信，结果造成高不成，低不就。这些都容易形成大学生的挫折心理。

此外，在个人的兴趣和愿望方面，大学生因为个人的兴趣和爱好得不到家人的支持，受到限制和责备，或是因为生理的条件不能达到自己的愿望都容易产生挫折感；在自我尊重方面，大学生因得不到老师和同学的信任，或自认为表现很好却没能评上优或获奖，自认为有才能却没被选上班干部等，也容易产生挫折感。

二、大学生受挫后的心理防御机制

当人面对挫折时，心理平衡往往遭到破坏，在多数情况下，人们会感到不适应，甚至体验到一种痛苦的折磨。处于人的自我保护本能，人们会产生一种自觉或不自觉的消除或减轻这种状态的倾向，会有意无意地采取某种方式来恢复心理平衡，即人具有一种摆脱痛苦、减轻不安、恢复情绪、平衡心理的自我保护机制。这就是心理防御机制，或称心理自卫机制，如同人生理上的免疫力。所以，所谓心理防御机制是指个体处在挫折与冲突的情景时，在其内部心理活动中具有的自觉或不自觉的解脱烦恼，减轻内心不安，以恢复情绪平衡与稳定的一种适应性倾向。

心理防御机制常常可以起到缓冲心理挫折、减轻负面情绪等作用，并且可以为人们找到战胜挫折的办法提供时机，因此，它对每个人都是十分重要的。但是值得注意的是，心理防御机制不仅本身有积极作用和消极作用之分，而且不同的人在使用时也会呈现出不同的效果。一般来说，心理正常、人格健全的人在使用心理防御机制的时候倾向于积极、成熟的方式，而且可以根据不同的挫折情境灵活选用。

（一）积极的心理防御机制

1. 认同

认同又名仿同或者表同，指的是一个人在遭遇挫折而痛苦的时候，自觉模仿他人优良品质和获得成功的经验和方法，使自己的思想、信仰、目标和言行更适应环境的要求，从而在主观上增强自己获得成功的信念。据调查，许多大学生常常把一些历史名人、英雄楷模，某些歌星、影星，甚至自己身边的同学，作为自己认同的对象。那些与自己各方面极为相似或者相近的人更是他们认同的对象。大学生从他们的人生经历、奋斗精神，甚至风度、仪表等方面吸取动力，尤其是在受挫的时候，常拿这些榜样来鼓励自己，从而奋发进取。

2．升华

人遭遇到挫折后，将自己不为社会所认可的动机或需要转变为符合社会要求的动机或需要，或者是用一种比较崇高的具有创造性和建设性的目标来代替，借以弥补因受挫而丧失的自尊与自信，减轻痛苦，这就是升华。升华的作用是一方面转移或实现了原有的情感，达到了心理平衡，同时又创造了积极的价值，利人利己。比如，贝多芬在失聪之后写出了《命运交响曲》；歌德在遭受失恋的痛苦后在事业上发奋努力，写出了著名的《少年维特之烦恼》。

3．补偿

当由于主客观条件限制和阻碍使个人目标无法实现时，设法以新的目标代替原有的目标，以现在的成功体验去弥补原有失败的痛苦，称之为补偿，即所谓"失之东隅，收之桑榆"。补偿行为在残疾人身上表现得尤为突出。如，没有手的人，脚可以练得像手一样灵活，甚至可以绣花；双目失明的人，听觉练得特别发达，因此许多盲人在音乐方面的造诣很深。

4．幽默

当个体遭受挫折，处境困难或者尴尬的时候，用幽默来化险为夷，对付困难的情境，或间接表示出自己的意图，称为幽默的作用。一般来说，人格较为成熟的人，常懂得在适当的场合使用适当的幽默，使大事化小，小事化了，渡过难关，较成功地去应对窘境。

（二）消极的心理防御机制

1．否定

拒绝承认所发生的事情是事实。例如：有的人在听到亲人患绝症的消息时，矢口否认，坚持认为是医院诊断错了，以减轻和逃避内心的焦虑不安。

2．攻击

这是一种破坏性行为，分为直接攻击和转向攻击。直接攻击是把愤怒发泄到使之受挫的人或物上。转向攻击是由于种种原因不能攻击使之受挫的对象，于是愤怒的情绪指向与此无关的对象，寻找替罪羊。

3．文饰

即文过饰非的行为反应，也叫"合理化"，这是一种援引合理理由和事实来解释所遭受的挫折，以减轻或消除心理困扰的方式。比如我们常说的"吃不着葡萄说葡萄酸"就是文饰的一种表现形式。合理化虽然能缓解内心的冲突，保持暂时的心理平衡，但对心理发展更多的是起消极作用。因为所谓的"合理化"往往是不真实或次要的理由，起着自我欺骗和麻醉的作用，影响当事人实事求是地去面对现实和做积极的改变。因此，长期地、过分地使用这种方式，会使自己不去认真吸取教训，放弃对自我的认识和改造，以至于降低积极适应环境的能力。

4. 压抑

生活中有些同学在非常生气的时候，会努力控制怒气不要爆发出来，这种行为称为压制，而压抑是指个人将不为社会所接受的本能冲动、欲望、感情、过失，通过经验等不知不觉地从意识中予以排除，或抑制到潜意识中，使之不侵犯自我或使自我避免痛苦。这样，痛苦似乎被遗忘了，但是在这种遗忘中，被抑制的东西并没有消失，并且不自觉地影响当事人的日常心理和行为，而且一有相应的情景出现，被抑制的东西就会冒出来，造成更大的伤害。

【案例】　无处不在的篮球声

小杰是某高校大三的学生，他有天在放学回寝室经过学校篮球场时，被一个投偏了的篮球砸到了头，但是捡球的男生只专注于捡回篮球，并没有理会小杰。小杰觉得很生气，但是看见周围很多同学在打球和路过，如果自己这样冲上去跟人理论，又怕被人笑话和议论。于是他窝了一肚子火回到了寝室。小杰也觉得被球砸到是件小事，他努力压抑自己让自己别生气。但是此后一周，他每次路过篮球场都会担心被球砸到，并且有意无意地去篮球场在打球的人群中寻找那天砸他的那个身影。到后来，他无论在学校的哪个角落，总觉得听见篮球场上打篮球的声音，晚上做梦也梦见自己一次又一次被球砸到，根本没有办法正常的学习和生活，甚至出现了失眠、幻觉的症状。他这才意识到了问题的严重性，找到学校的心理咨询中心。中心的老师通过情景重组，帮助他发泄了在当时积压的情绪，再通过其他的辅导慢慢地让他的生活又回到了正轨。

5. 投射

以自己的想法去推测别人的想法，将自己的思想、感受和行动推到别人身上，这在心理学上称作投射，又叫推诿，指将自己的不当事务转嫁到他人身上，也就是我们平时所说的"以小人之心度君子之腹"，以此来减轻自己的负疚，或者将自己具有的不受欢迎、不被他人接受的性格、态度、愿望冲动等转嫁到其他的人或事物身上。

6. 反向

一般来说，个人的行为方向和他的动机方向是一致的，即动机发动行为，促使行为向满足动机的方向进行。但是，人受挫后，由于自己的内在动机不能为社会所容忍，加上他不敢正面表露自己的真实动机，于是便从相反的方向表现出来。把自己一些不符合社会规范、不被允许的欲望和行为，以一种截然相反的态度或行为表现出来，以掩盖自己的本意，避免或减轻心理压力的行为反应，称为反向。

7. 退化

退化亦称"倒退"、"回归"、"幼稚化"。本来人的行为是随着其自身发展过程有一定的行为模式的。但是，当一个人受到挫折时，其行为表现出往往比其年龄应有的行为幼稚。这种在受挫折时表现出的与自己年龄及身份不相称的幼稚行为，就是退化。例如：一个大学生面对挫折情境，一改平时举止文雅的行为，表现粗鲁、大声叫嚷，乃至咒骂、挥拳相斗；一个领导者受挫后对下属大发脾气，或为一点小事就暴跳如雷，粗鲁地对待他人。这些都是退化的表现。

人们在遇到挫折时往往是不自觉地运用防卫机制。我们了解心理防卫机制后，可以有意识地运用积极的防卫机制应付挫折，变挫折阻碍为前进动力。

第三节　大学生预防和战胜挫折的方法

一、挫折对大学生成人成才的作用

生活中的失败挫折是不可避免的，适度的挫折也具有一定的积极意义，它可以帮助人们驱走惰性，促使人奋进。培根说过："超越自然的奇迹就是在对逆境的征服中出现的。"挫折对大学生成人和成才具有积极的作用。

1. 挫折可以帮助我们成长

人在成长的过程同时就是适应社会要求的过程。如果适应得好，就觉得宽心和谐；如果不适应，就觉得别扭、失意。一个人刚出生的时候，根本不知道什么是对，什么是错，正是通过鼓励、反对、奖励、处罚、引导、劝说，甚至身体上的体罚与限制才学得举止行为的适应和得当，学会在不同环境、不同时间、不同对象、不同规范条件下调整行为。反之，从小无法无天的孩子，一旦开始独立生活，就会淹没在矛盾和挫折之中。

2. 挫折可以增强意志力

"不幸是一所最好的大学"。生活中的挫折和磨难，能使人受到考验，变得坚强起来。挫折在给人以打击、带来损失和痛苦的同时，能使人奋起、成熟，并从中得到锻炼。实际上，生活中许多挫折是意志力的"运动场"，当你大汗淋漓的跑完全程，克服了生活的挫折，就会获得愉快的体验。就像只有尝到饥饿挫折的人，才能吃出食品的美味。心理学家将轻度的挫折比作"精神补品"，因为每战胜一次挫折，都强化了自身的力量，为下一次应付挫折提供了"精神力量"。

【链接】　永不言弃的华罗庚

华罗庚初中毕业后，曾入上海中华职业学校就读，后因交不起学费而中途退学，故一生只有初中毕业文凭。

此后，他开始顽强自学，他用 5 年时间学完了高中和大学低年级的全部数学课程。1928 年，他不幸染上伤寒病，靠妻子的照料得以挽回性命，却左腿残疾了。20 岁时，他以一篇论文轰动数学界，被清华大学请去工作。

从 1931 年起，华罗庚在清华大学边工作边学习，用一年半时间学完了数学系全部课程。他自学了英、法、德文，先后在国外杂志上发表了多篇论文。1936 年夏，华罗庚被保送到英国剑桥大学进修，两年中发表了十多篇论文，引起国际数学界赞赏。1938 年，华罗庚访英回国，在昆明郊外一间牛棚似的小阁楼里艰难地写出名著《堆垒素数论》。

3. 挫折能够提高能力

挫折提供了转败为胜的契机，正所谓"吃一堑，长一智"，你会从挫折中学到很多人生智慧，提高分析问题和解决问题的能力，提高自我认知和评价的能力，确定合理的抱负和期望值，避免评价不当所引起的自满与自负两种现象，维护心理健康。

二、挫折承受力的培养

(一) 挫折承受力的含义

所谓挫折承受力，是指个体在遭遇挫折情境时，能否经得起打击和压力，有无摆脱和排解困境而使自己避免心理与行为失常的一种耐受能力。亦即个体适应挫折、抵抗和应付挫折的一种能力。

挫折承受力的大小反映了一个人的心理素质和健康水平，许多人的心理问题是由于遭受挫折之后不能进行很好的排解和调适造成的，增强挫折承受力，是个体对挫折的良好适应和保持心理健康的重要途径。

(二) 挫折承受力的影响因素

挫折承受力的大小往往直接决定个体能否经得起挫折打击。一般来说，挫折承受力较强者，往往挫折反应小，持续时间短，消极影响少；而挫折承受力较弱者，则容易受挫折的不良影响，容易受到伤害，甚至一蹶不振。挫折承受力是一个人心理健康水平的主要标志之一。

一个人的受挫能力受到很多因素的影响，具体包括：

1. 生理条件

一个身体健康、发育正常的人，一般对挫折的承受力比一个疾病缠身、有生理缺陷的人强。比如，前者不怕偶尔的饥寒交迫，可以熬夜，也可以长时间的工作而不感到疲劳，因而可能经受更大的挫折。这是因为挫折会引起人的情绪及生理反应，给人心理带来压力及紧张感。对体弱多病者来说会加重身体虚弱的病情，甚至发生意外。国外有人研究发现，体弱多病者与身体健康者在丧偶后的第一年内，前者比后者的发病率高 78%，死亡率高三倍多。

2．过往经验

国外曾有人做过一个运动实验。他对一组幼小的白鼠给予电击及其他挫折情境，使其产生紧张状态，然后让它们正常发育。长大以后，这组白鼠就能很好地应付挫折引起的紧张状态。而另一组没有体验到这类挫折刺激的白鼠，长大后遭受电击等痛苦刺激就显得怯懦和行为异常。对人来说也是如此。在婴、幼儿期所受的刺激，可使成年后的行为更富于适应性和多变性。相反，极少受挫折，一贯顺利、总受赞扬的人，就没有足够的机会学习和积累对待挫折的经验，他们的自尊心往往过于强烈，对挫折的承受力很低。

当然，任何事情都应有个"度"。如果青少期遭遇的挫折太多、太大，也会影响以后的发展，可能形成自卑、怯懦等特征，缺乏克服挫折的勇气。

3．挫折频率

如果是"屋漏偏逢连夜雨，船破又遇顶头风"，刚刚失恋不久，考试又未通过，没几天又心不在焉地把计算器丢了。接连遭受挫折，频率过高，挫折承受力必大大降低。

4．认知因素

认知是指我们对周围事物的想法和观点，也就是人的认识活动。挫折刺激正是通过人的认知而作用于情绪，产生这样那样的心理行为的反应。由于认知不同，同样的挫折情境，对每个人造成的打击和心理压力是不同的。一般认为，虚荣心重的人对挫折的知觉敏感性高，承受力低。因为虚荣心重的人常常将名利作为支配自己行为的内在动力，一旦受挫，目标没达到，就会因为虚荣心没得到满足而难以忍受。

5．个性因素

个性是一个人所有具有意识倾向性和较稳定的心理特征的总和。一个人的性格特征、个人兴趣、世界观都对挫折承受力有重要作用。性格开朗、乐观、坚强、自信的人，挫折承受力强；性格孤僻、懦弱、内向、心胸狭窄的人挫折承受力低。当人们对某事有浓厚的兴趣，一心钻研，在别人看来很苦的事，他们却乐在其中，挫折承受力就强。诺贝尔研究炸药的过程中，多次发生爆炸事故，弟弟炸死，父亲重伤，自己也有几次生命危险，却终获成功。可见，个人兴趣也是应付挫折不可忽视的因素。

6．社会支持

正如人们常说的，"一个痛苦两人分担，痛苦就减轻了一半"。当一个人感到有可以信赖的人在关心、爱护和尊重自己时，就会减轻挫折反应的强度，增强挫折的承受力。

7．挫折的准备

有挫折心理准备，将挫折的出现视为正常的人，比对挫折无防备的人更能迎接挫折。大学生中被挫折打得措手不及的人，往往是过去一直很顺利的，对挫折缺乏心理和能力准备的学生。

8．期望水平

对目标的期望水平越高，目标达不到后所感受的挫折就越大。比如，很多同学在中学的时候都是其中的佼佼者，有着光荣的历史，都希望自己在大学也能鹤立鸡群。但是当不能达到自己预期的学习目标时，就会产生挫折感。

9．防御机制

能及时、适度地运用积极的防御机制的人，更能承受挫折。

三、大学生挫折承受力的提高

人们常说，"解铃还须系铃人"，战胜挫折，社会、学校等外界环境是重要的。但是，在众多挫折中，许多是大学生自己的主观因素导致的，因此，像雨果所说的"应该相信自己，自己是生活的战胜者"，要真正战胜挫折，更主要的是依靠我们自己。

（一）正确认识挫折

正确认识挫折，是大学生战胜挫折的前提。

1．克服错误的思想认识

大学是我们人生一段重要的旅程，期间充满了紧张与竞争。因而，我们在大学这条成才之路上，不可避免地会遭受学习、生活、人际等各方面的挫折。这个是每个大学生都明白的道理。然而，在对大学生挫折的分析过程中人们发现，真正引起大学生挫折感的与其说是他们遭遇的挫折本身，还不如说是当事人对它们的认识以及所采取的态度。例如，一些本算不上挫折，却被"认真"当作挫折；一些虽可以称得上挫折，其实只是生活中"鸡毛蒜皮"的小事，却被当作天崩地裂的大事。从我国大学生的现状来看，普遍存在着对挫折认识与态度上的偏差。因此，要展示挫折，大学生首先要克服对挫折的一些错误的思想认识。

（1）主观性。大学生由于一方面初涉社会，难以分析、把握和评价复杂社会现象，另一方面他们内心处于青年期特有的一系列心理变化与矛盾之中，因而他们遭受挫折以后，往往不能对挫折进行客观分析，以主观判断和评价面对挫折，从而得出了不符合事实的消极结论，加重了挫折感。

（2）片面性。不少大学生遭受挫折与他们认识上的片面有直接的关系。在现实生活中，一些大学生若在某件事情上失败了，就认为自己是个没用的失败者。如某一次考试不理想，就认为自己头脑笨，不是读书的材料，将来肯定不会有什么大的前途；某个同学对自己不友好，就觉得自己人缘差，缺乏交际能力；一次失恋就断定自己不讨人喜欢，对异性没用吸引力，等等。这种以偏概全的评价和认知，其结果往往会引起强烈的挫折反应，导致自责、自卑、自弃心理，产生焦虑和抑郁情绪，容易走上自我否定、悲观失望的狭路。

（3）夸大性。由于缺乏社会经历和挫折经历，一些大学生往往夸大挫折对自己的影响，把小事无限夸大，甚至到不可收拾。在高校发生的一些大学生极端行为，相当大的一部分与当事人认识上这种错误的思想方式有关。

因此，当大学生勉励挫折而出现情绪困扰时，应当主动地检查自己在挫折认识上可能存在着思想认识上的偏差，用正确的思想方法克服自己对挫折的错误认识与态度，减少挫折感，使自己尽快从悲观、失望、焦虑的情绪中摆脱出来，从而找到战胜挫折的有效方法。

2. 建立"失败"的正确观念

大学生初涉社会，对"失败"比较敏感，害怕失败，害怕挫折。因此，大学生首先应对"失败"有科学的认识，建立"失败"的正确观念。在实际生活中，人们把没有成功或没有达到目标都看做是失败，但实际上这种看法并不科学。因为人们的许多工作并不可能一蹴而就、圆满完成的，常常是经过多次的尝试、失败后的不断努力，才能达到尽善尽美的境界。其中每一次失败都获取了更多的知识与经验，使其在下一次努力时更进一步接近成功。大学生面对挫折、失败时，应坦然面对，泰然处之，没有必要过分担心、害怕。

3. 树立"失败也是我所需要"的思想

因为在现实生活中，每件事都不是一帆风顺的，而是充满各种困难与艰辛的。成功者的成才之路只能是脚踏一个又一个失败与挫折，去争取胜利。挫折是一种心理预报系统，是人生的催熟剂。在现实生活中，那些担心挫折、害怕失败的人，总是把自己沉溺于万事如意的想象之中，不敢面对复杂的现实社会，稍遇挫折就意志消沉、一蹶不振，甚至痛不欲生。这样的人不仅不会成为社会和国家的栋梁之才，而且必将被社会所抛弃。大学生要成为卓越的人，就应当树立"失败是我需要"的意识，投身社会，历经磨难，不断克服困难，战胜困难，提高自己的挫折承受力。

（二）培养良好的意志品质

意志是自觉地确定目的，并根据目的来支配、调节自己的行动，克服各种困难，从而实现预定目的的心理过程。良好的意志品质包括：

1. 意志的自觉性

意志的自觉性是指人的行动有确定目的，尤其能充分地意识到行动结果的社会意义，使自己的行动服从社会和集体利益的一种品质。具有意志自觉性的人能够自觉、独立、主动地控制和调节自己的行为，为实现预定的目的倾注全部的热情和力量。即使在遇到障碍和危险的时候，也能百折不挠，排除万难，勇往直前。这种品质反映一个人的坚定立场和信仰，并贯穿于意志行动的始终，是坚强意志产生的源泉。

2. 意志的果断性

意志的果断性是指人明辨是非，适时地做出决定和执行决定的品质。适时是指在需要立即行为时当机立断，毫不犹豫，但在不需要立即行动或情况发生改变时，又能立即停止，或改变已作出的决定。果断性是以勇敢和深思熟虑为前提条件，是个人的聪敏、学识、机智的结合。

3. 意志的自制性

意志的自制性是指人善于有效地控制和支配自己的情感和思维，严格约束自己的行动，它反映了意志的强度性。意志的强度越高，它对人的各种活动的激发力、引导力和约束力就越强大，就越能有效地抵抗外部和内部的干扰，表现出较强的情绪克制力和忍耐心，就能够集中精力、忘我工作。如果价值观发生了错误与偏差，意志的强度性就会发生错误与偏差，那么意志的自制性就成了易冲动的意志品质，这种品质的人办事急躁，容易感情用事。

4. 意志的坚忍性

意志的坚忍性是指人能够坚持不懈、百折不挠、勇往直前地完成工作任务的能力，它反映了意志的外在稳定性。意志的外在稳定性越高，意志对人的行为活动的控制约束力就越持久，人就会表现出顽强的毅力和持久的耐心。具有坚忍性的人，善于抵制不符合行动目的的主客观诱因的干扰，不但能顺利完成容易、感兴趣的工作，而且在完成枯燥无味的工作时，也不会半途而废，会努力地作出优异的成绩。

大学生只有经过努力学习，树立远大的生活目标，利用日常生活中的各种事情刻苦锻炼自己、自觉控制自己等，才能成为具有坚强意志品质的人，才能提高自己的挫折承受能力。

（三）正确对待挫折

在正确认识挫折、培养良好品质的基础上，大学生需要采取科学、理智的方式战胜挫折。

1. 避免错误的、有害的不良行为

（1）避免愤怒、生气。大学生应尽可能冷静，以具有高等教育素养的大学生的理智对挫折加以正确对待，从而找出解决困难的方法，最终克服挫折。

（2）避免自暴自弃。大学生遇到困难和挫折，应该以青年的朝气和勇气，在社会、学校、家长、同学的帮助下，以积极的方式克服困难，战胜挫折。

（3）避免借酒消愁。大学生受挫后借酒消愁的情况不时发生。对此，大学生应当了解，大量饮酒不但影响身体健康，而且还会让自己的思想和行为处于一种暂时"不可控"的激愤状态，严重的会引发诸如打架斗殴等问题，影响自己的前途。并且，酒并不能真正的消愁，只是对大脑产生一时的麻醉而已，困难和挫折并没有因为喝酒而得到解决。

2. 采取正确的方法与途径

（1）树立正确的奋斗目标。人区别于动物的最大特点是人的一切活动都是与社会发展相联系的，是有目的的、有意识的活动，并且人一旦树立自己的目标以后，就会产生一种积极的愿为之努力的动力，激励自己不畏艰难、百折不挠的积极进取，也就是说目的性和社会责任感是每个人活动的内在动力。

（2）正确归因。美国心理学家韦纳（B. Weiner）对人们失败的归因进行了研究，认为在一般情况下，失败由客观因素（包括任务的难度和机遇）和主观因素（人的能力与努力）造成。人们把失败归因于何种因素，对以后的活动积极性有很大的影响：把失败归因于主观因素，会使人感到内疚和无助；把失败归因于客观因素，会产生气愤和敌意。

大学生应正确分析自己的成败归因模式，特别要注意避免韦纳指出的两种错误的归因模式。例如，有的学生把学习的成败归因于外在因素，学习上受挫后，就把失败归因于运气不好，没猜中题目或者埋怨老师的命题过偏，评分不公等，而不努力去克服困难和改变失败的处境；相反，有的学生把失败归因于自身的能力、技能和努力的程度过低，因而抱怨自己，过多的责备自己，甚至对自己丧失信心。这两种习惯性归因都不可能找出造成挫折的真实原因，无助于战胜挫折。总之，大学生受挫后应当冷静、客观地分析，找出造成挫折的真实原因，对挫折做客观、准确、符合实际的归因，才能有效地战胜挫折。不要对失败做消极联想。一个高中毕业生问：在今年的高考中，我失利了，我这辈子完了，没有任何希望了！心理专家回答，这种想法是不可取的，要知道，没考上这件事预示着今年不能进大学，除此以外并不意味着其他东西，至于以后能否上大学，能不能找到理想职业，能不能找个好的爱情伴侣，与这件事无关。大学生中许多人爱犯这样的毛病，将失败夸大，做消极联想，所以要学会正视失败，做好卷土重来的准备。

（3）善于灵活应变与情绪转移。大学生在日常学习、生活中遭受失败时，要善于灵活应变，及时、理智地转变近期目标，及时改变行动的方向，就有可能摆脱挫折情境与挫折感。

（4）增强挫折容忍力。挫折容忍力是指个人遭受打击后免于行为失常的能力，即个人承受环境打击或经得起挫折的能力。一般来说，挫折容忍力低的人遇到轻微挫折就消极悲观、颓废沮丧、一蹶不振，甚至人格趋于分裂而形成行为失常或心理疾病。挫折容忍力高的人，能忍受重大的挫折，就算是几起几落，也能坚忍不拔，百折不挠，保持人格的统一和心理的平衡。

（5）建立和谐的人际关系。友情是一种来自心底的力量，别人的认同和友善也是一种肯定力量。俗话说："一个篱笆三个桩，一个好汉三个帮。"要克服挫折，增强对挫折的适应能力，离不开和谐的人际关系。当一个人在遭遇挫折时，若能得到朋友和周围人的理解、关心、鼓励和支持，就会减轻挫折反应的强度，增强对挫折的承受力和适应性。

（6）学会创设一定的挫折情境。人应付挫折的能力是可以学习和锻炼的。大学生可以人为地进行挫折心理的模拟训练，以此来提高应对挫折心理的能力。一方面在平时的学习和生活中有意识地为自己设计一些难题和挫折，引导自己进一步去思考和解决；另一方面积极参加社会实践，开展相应的社会实践调查，进行艰苦条件的锻炼，促使自己正确认识社会、认识人生，提高适应社会的能力。

《一千零一夜》中航海家辛伯达每次航海归来都可以过上安逸的生活，但他却选择继续与自然抗争、与海盗搏斗的惊险旅程，这使他增加了抗挫折的能力，使他一次次大难不死。

（7）心理咨询，寻求专业帮助。目前，全国许多高校都建立了大学生心理咨询机构，专门负责和解决大学生生活、学习等各方面遇到的心理疾病和心理问题。大学生遇到挫折，产生焦虑、恐惧等心理，可向咨询人员讲述自己的情况。一方面，咨询人员都是专业人员，他们能够提供一定心理治疗方法；另一方面，通过咨询倾诉自己的挫折、焦虑、恐惧等，为自己发泄情感提供了机会，减轻了心理压力。

（8）运动宣泄也是值得提倡的一种良好的宣泄方式。在某种意义上，体育运动是受挫后"攻击"行为方式的合理化，或攻击行为的一种替代方式。同时，在体育运动中，人们增大了呼吸量，加速了新陈代谢过程，调节了大脑神经活动，直接接触自然环境和社会环境，加强人际交往，都有利于大学生恢复受挫后的心理平衡和恢复自信心。

【学习与思考】

1. 挫折对大学生成人成才有什么积极的作用？

2. 结合自身情况，想想我们在专业学习中可能遇见的挫折？我们应该怎么克服？

3. 心理训练：生命线

目的：回顾自己的过去，设想自己的未来。在交流中，使学生了解每个人都有不同经历，都有顺境和逆境，都有失望和希望。已经发生了的事情就是客观存在，改变的只是自己的内心感受。

步骤一：个人思考并简要记录。

每个人准备一张空白纸。在纸上画一条线，代表自己生命的长度，这条线的左端是"0"，代表自己生命的起点。请在这条线的右端，也就是生命结束的地方，写出一个数字，代表自己希望活到的年龄，然后在这两者之间将现在的年龄所在位置画出来，并标上数字。

请回想过去（从出生到现在年龄之间）的岁月里，特别令自己自豪的三件事情：

(1) _____

(2) _____

(3) _____

过去的岁月里，特别令自己感到挫折的三件事情：

(1) _____

(2) _____

(3) _____

设想一下，在未来的岁月里，最想实现的三个目标：

(1) _____

(2) _____

(3) _____

步骤二：小组交流。

每个小组8～10人，分成若干组。小组成员依次发言，讲述自己的"生命线"。

第六章 大学生学习心理

大学在人生的历程中虽然只有短短的几年，但这几年的青春时光将会奠定我们一生的工作、生活基础，也将会成为每个大学生人生的美好回忆。如何珍惜大学时光，在有限的时间里挖掘出无限的潜力来巩固专业基础，提高自己，为以后的事业和人生成功打好基础，将会是每个莘莘学子跨入象牙塔的目标和梦想。学习是大学生活的主要任务，如何科学有效地学习也是心理学研究的重要课题。同时大学生的学习心理也是高校和学生共同关注的话题，本章就让我们一起来探讨大学生的学习心理。

第一节 剖析大学生学习心理

一、学习心理的含义

学习心理主要是指大学生学习过程中产生的心理现象及其规律等。了解大学生学习中的心理特征和心理问题，对于培养大学生健康的学习心理，学习中做到事半功倍，提高学习水平和能力，成为学有专长的社会有用之才是非常有意义的。

【案例】

某外语专业大学女生，入学时由于家庭经济困难，经常参与勤工俭学活动来维持学业，后来在朋友的介绍下加入雅芳的直销队伍。由于她不畏辛苦，具有较强的口头表达能力和对客户有求必应的服务，赢得客户的信赖，销售业绩非常好，由此带来的收入也比较可观。但由于她把所有的精力都倾注在工作上，无暇顾及学习，成绩一落千丈。辅导员老师多次找她谈话，督促她应把主要精力放在学习上。但由于她落下的功课太多，外语专业的学习需要循序渐进的过程和持之以恒的努力才行，尽管她也想弥补让自己能顺利毕业，但在短时间内难以达到期望时她选择了铤而走险——考试作弊，最后被开除学籍，失去了接受高等教育的机会，她自己也后悔不已。

从以上案例可以看出，尽管已经是大学生了，但仍有少部分学生存在着学习目的不明确、动力不足、厌学、焦虑、迷茫等问题。学生以学习为本，学习是大学生的天职和主要任务，是大学生活的首要主题，学习活动也是大学生的主要活动形式。大学生不仅要掌握知识、技术和发展智力，而且还要在学习过程中形成自己的人生观、价值观、道德品质和行为习惯，以适应社会的要求。学习是一种十分复杂的心理过程，它需要智力因素和各种非智力因素的积极参与。大学生的心理健康状况和发展水平直接影响到他们的学习过程和学习效果。培养良好的学习心理是大学生心理健康教育的重要内容，它对于提高大学生的学习质量和效率也具有特别重要的意义。

从广义上讲，学习是个体在生活过程中通过实践积累经验引起的行为或者心理的变化。广义的学习既包括人类的学习，也包括其他动物的学习。狭义的学习仅指人在社会实践过程中，在与他人交往中，运用语言这一中介，自觉主动地掌握社会和个体经验的过程。大学的学习是人类学习的一种特殊形式和特殊阶段，是在学校教师有目的的、有计划、有组织的系统指导下，以掌握间接经验为主的智力实践活动的过程。

二、大学生学习心理结构

大学生正处于智力发展的高峰期，记忆力、观察力、逻辑思维能力与创造性都有很大的发展潜力，学生学习的好坏受很多条件和因素的影响和支配。大学生学习心理结构包括：

（一）智力因素

智力因素主要包括一个人的注意力、记忆力、观察力、想象力和思维力。学习就是通过智力活动感知客观世界、积累经验、掌握知识、解决各种问题，从而认识客观世界发展变化的本质和规律。心理学家把智力因素中的注意力、观察力比作智力的门窗，通过它们，知识才能进入大脑的房间，才能在大脑中进行整理、储存，并在一定条件下输出；记忆力好比是座仓库，储存得越多，才能加工出好的产品；想象力是智力的翅膀，它对接收的信息进行加工、改造，创造出新的形象。思维力是核心，犹如电脑的主机，只有它正常运转，整个智力工厂的生产才能正常进行。智力的各个因素是保障学习活动顺利进行的必要条件。

（二）非智力因素

非智力因素是指除智力因素以外的所有心理因素，包括情感、意志、需要、动机、理想、信念、世界观、人生观、价值观以及兴趣、气质和性格等。非智力因素对认知过程起着动力和调节作用，决定学习的价值取向、学习的动力、学习过程的调控和学习的效果。

对于一般的大学生来说，学习的好坏主要是由非智力因素决定。因为根据心理学家统计，一个人的成功，其中非智力因素占80%左右，而非智力因素仅占20%左右。对学习若缺乏足够的兴趣，同时又没有刻苦钻研的精神，即使拥有再高的智力水平，也不会有好的学习效果。

三、大学学习的特点

大学生学习既不同于中小学基础教育阶段的学习，也不同于成人教育的学习，它有以下特点：

（一）学习的专业性

和中小学基础教育相比，大学教育属于职业教育，大学生被各高校录取时就已经基本确定了专业方向，因此大学生学习的职业定向性已经比较明确，这就要求大学生掌握自己所学专业基础知识和专业能力，还要结合主客观环境做好自己的职业生涯规划。

（二）学习的自主性

大学阶段的学习，老师的课堂教学大多是以讲座的形式进行提纲挈领的引导教学，除了传授知识本身之外，更重要的是教会学生学习的方法。这就特别要求学生学习的自觉性和主动性。俗话说"师傅领进门，修行在个人"，就是大学阶段学习的真实写照。

（三）学习的综合性

目前高等教育不仅重视学生对专业知识的学习和掌握，更重视对学生综合素质和能力的培养。因此大学生除了参与专业知识学习，还应该积极参与各种社会实践活动，融入社会，了解社会，才能为自己顺利就业做好充分准备。

（四）学习的探索性与创新性

大学的学习既要掌握专业知识，还要钻研知识的形成过程和科学的研究方法，善于思考，提出问题、分析和解决问题，要知其然，还要知其所以然，这也是现代社会创新型人才培养的基本要求。

四、大学生学习心理的特点

大学生的学习心理状态和学习水平大致可以分为以下不同的层次：①最低层次即学习心态和学习状态都较差，经常处于考试焦虑和缺乏明确的学习动机，甚至厌学的学习心态之中，没有良好的学习策略，机械被动式地完成学习任务，勉强能应付学习和考试；②中间层次，即学习心态和学习状态中等，有较明确和强烈的学习动机及较大的学习兴趣，学习认真积极，能较好地完成学习任务，考试成绩较好；③最高层次，即学习心态和学习状态健康良好，学习目标非常明确、学习动机强烈、有旺盛的学习热情和浓厚的学习兴趣，积极进取、不怕困难，学习不仅是一种任务；而且是一种乐趣，他们不仅能较好地完成学习任务，而且能够发现式地学习、探究式地学习、创造性地学习。

（一）大学生学习动机特点

动机是直接推动一个人进行活动的内部动力。学习动机是学生学习活动的主观意图，大学生的学习动机是影响大学生学习活动的重要心理因素。大学生的学习动机有发展成才的需要，也有个人利益的追求以及人生价值的实现等。这些动机一方面可以唤起大学生对学习的准备状态，促进一些非智力因素如集中注意、坚持不懈、坚强的毅力等意志和情感方面品质的形成和提高，间接地促进了学习；另一方面，学习动机又可以作为一种学习结果，强化学习行为本身，促进"学习—动机—学习"的良性循环。

（二）大学生学习兴趣特点

兴趣是个体积极探究某种事物、力求参与某种活动的心理倾向。兴趣对于学习的影响在于它能让人产生愉快轻松的情绪，付出自主的意志努力，使人集中精力创造性地完成学习任务。常言道：兴趣是最好的老师。兴趣是一个人走向事业成功的开始。有一项研究指出，导致学生取得好成绩的各种因素中，兴趣占了75%，导致学生学习失败的各种因素中，兴趣缺乏占35%。

（三）大学生学习行为特点

一般来说，大学阶段的学生都知道学习和掌握知识技能的重要性，但个别学生由于中小学阶段没有养成良好的学习习惯，是在老师、家长的监管、强迫下学习。到了大学，管理方式和学习方式给予学生更多的自由度和支配权时，这些学生在学习上由于缺乏主动性、积极性，从而不能在行动上一贯、有计划地持续学习。

（四）大学生学习方法特点

大学的学习不仅是学知识、学专业，更重要的是学方法、学策略，提升学习能力。学习方法不当会使学习效果事倍功半。长期的学习效率不高又会使学习动机减弱，甚至消退。所以大学生要始终维持良好的学习动机水平，就必须经过摸索、总结，掌握一套适合自己的良好学习方法。

第二节　大学生常见的学习问题

独立学院具有与公办学校不同的性质和特点，学习环境、学习任务、学生的身心发展等特点也呈现差异，因此独立学院学生的学习心理有自身的独特性。调查发现，独立学院学生的学习心理呈如下特点：缺乏学习动机，学习兴趣不浓厚；学习信心不足；意志薄弱，自我控制能力较差；部分同学学习压力较大，产生了较大的负面情绪影响；大多数学生考试前都有一定的紧张、焦虑情绪。独立学院大学生常见的学习心理问题有以下几个方面：

一、学习适应困难

由于大学的学习和中学的学习有着明显的不同，而且大学的学习是在远离父母和家庭的条件下进行，学习适应困难是大学新生中普遍存在的一种心理困惑。首先由于生活环境的不适应造成学习上无法集中注意力，其次竞争的方式和压力更大，使得学生无所适从。还有就是对大学的学习特点和规律的不了解，不知道如何有效地开展学习。

二、学习心理疲劳

学习疲劳是指连续学习之后，学习效率下降，学习进步速度缓慢，身心症状增加的一种心理与生理的异常状态。学习疲劳包括生理疲劳和心理疲劳。生理疲劳的主要表现有肌肉痉挛、麻木、眼球发酸、头脑发胀、腰酸背痛、动作缓慢、僵硬、打瞌睡等生理反应。学习疲劳的心理疲劳的表现有思维迟钝、注意力分散、易走神、情绪容易躁动、忧郁、愤怒，学习效率下降，学习错误增多，对学习容易产生厌倦情绪。造成学生学习疲劳的原因主要由于学生压力过大，时间过长，学习内容单调、难度过大、学习过于紧张等造成的眼睛、大脑以及心理的疲劳。

三、学习缺乏动力

学习动力缺乏是指大学生学习缺乏内在的驱动力量，没有学习兴趣，无知识需求，不想学习，也就是有的学生常讲的"学习没劲"。在中学阶段，同学们都有明确的目标，那就是考大学，考一所好大学。但进入大学后，部分同学却不知道接下来该干什么，学习上缺乏明确的目标，而且经过了高考的洗礼后，都想松一口气，好好放松放松，行为懒散，并还经常为自己的懒惰找借口。精力分散，课堂不注意听讲，不集中思考，不认真完成作业，对学习一知半解，只求考试及格。其次部分同学对自己缺乏信心，进大学后周围的同学好像都比自己强，失去了中学时的优越感，再加上学习方法不当，学习效果不明显，进而对学习丧失了兴趣，导致了学习态度不端正，有些干脆整日沉溺于虚拟的网络世界中寻求刺激，致使学习成绩一落千丈，有些甚至中途退学或者无法顺利毕业。

【案例】

我是一位来自山区、家庭经济困难的大学生，学业成绩一直非常优秀。上大学后，忽然感到心中茫然，学习没有动力，生活没有目标。有时候想到辍学在家的妹妹和年迈的父母，我也恨自己不争气。可我的确找不到奋斗的目标与学习的动力，学习上得过且过，生活上马马虎虎，我不是因为喜欢上网而荒废了学业，而是因为实在没劲才去上网聊天打游戏。我如何才能摆脱这种状态？

四、学习压力大，过度焦虑

学习焦虑是由于个体不能达到预期的学习目标或不能克服学习上的困难，自己的自信心受挫，内疚感增加而形成的一种紧张不安、带有恐惧的情绪状态。如果处于严重焦虑状态下，由于精神的过度紧张，导致学习时注意力不集中，记忆力减退，思维混乱烦躁，易怒等，还常伴有头晕、忧虑头痛等影响身心健康的现象。

产生焦虑的原因可能有内部和外部两方面。内部压力来自于大学生自身，对自己的学习能力缺乏正确的认识，学习目标或期望过高，动机过强，超过了自身能达到的范围，使自己时刻面临失败的威胁。外部压力来自于大学激烈的竞争环境，还有家长的期望、老师的要求、毕业的压力等。

出现学习、考试焦虑情绪后，大学生应及时冷静地分析原因并积极调适，绝不能采取回避或放任的态度。大学生要正确地认识和评价自己，确立自己通过一定的努力就能实现的学习目标，学会适应大学的学习方式，掌握学习的主动权和自觉性，摸索适合自己的学习方法，正确认识考试的意义，降低对失败的敏感度，增强挫折承受力，尽力保持情绪的稳定，做到心态放松、态度积极。

五、注意障碍和记忆障碍

注意是心理活动对一定对象的选择和集中，在人的信息加工过程中，注意具有选择、维持、整合和调节功能。记忆，是使贮存于脑内的信息复呈于意识中的功能，是保存和回忆以往经验的过程。记忆有三个基本过程：①识记。②保存。③再现。如果大学生出现学习疲劳或者学习焦虑等现象，势必会带来注意障碍和记忆障碍。要消除注意障碍和记忆障碍，除了要消除学习疲劳和学习焦虑，还要通过确定明确的学习目标、培养良好的学习兴趣等入手来提高记忆、集中注意，才能更加提高学习效率，进而更进一步激发学习兴趣，形成良性循环。

六、学习逆反心理

由于各种主客观原因，90后逆反心理在大学生这一特殊群体的思维、情感、个性以及行为上表现得尤为突出。大学生的逆反心理可以称之为客观环境与主体需要不相符时产生的一种心理活动，大学生在受到群体、社会或其他人的压力后，对其价值取向不予评价而表现出的不满或反感，甚至不考虑原因、后果而采取的对抗行为。这种逆反心理表现在学习上可能会出现以下现象：

1. 对传统观念的怀疑和否定

在逆反心理的作用下，有相当一部分大学生对理想、教育、价值、审美、道德等观念中的传统内容表示不同程度的怀疑。

2. 对正面宣传和榜样人物的反向思考

有相当数量的大学生对学校、社会的宣传表现出一种不认同、不信任的反向思考，他们怀疑刻苦努力学习的学生的动机，以社会上的某些个别不公平、不公正现象否定自己在学习上的付出和努力。

3. 对不良倾向的认同

在有些大学生中，打架斗殴被视为有胆识，无视纪律、我行我素的人被奉为偶像，而对热爱学习、刻苦努力的学生鄙视，认为只会死读书，有些甚至讽刺、挖苦，形成正不压邪的不良风气。

在青春期的大学生身上产生这些逆反现象的主要原因是，由于大学生在生理上和心理上都处于迅猛发展期，由于性腺激素分泌影响了脑垂体功能，从而使原来较为平衡的神经过程变得不平衡，兴奋过程强于抑制过程，导致个体对外界刺激表现出高度的易感性和情绪的易激动性，偶遇挫折就会产生强烈的不适应及抵触情绪，从而为逆反心理的产生提供了生理基础。在心理上，随着个体生理的相对成熟及所处环境的变化和教育条件的影响，大学生的抽象逻辑思维进一步发展，逆向思维的逐步形成、掌握，这为其逆反心理的产生提供了心理基础和可能。与此同时，大学生的自我意识得到了迅速发展，其社会责任感和参与意识明显增强，对社会环境的变化非常敏感，特别关心社会现实生活。但由于其缺乏政治经验、生活阅历和组织管理能力，思维的独立性和批判性还不成熟，导致其在是非面前产生困惑或对家长及教师的说教置若罔闻，加上受不良情绪体验及"经验"的影响，他们常常会盲目地拒绝他人的合理意见，产生一种与正常情况不同的逆向反应和强烈的抵触情绪，从而为逆反心理与行为的产生提供了主观背景。再加上不恰当的家庭教育方式使孩子的"自尊心"、"独立性"受到创伤，从而对家长所进行的一系列说教产生抵触、逆反等心理或行为倾向。要消除大学生的逆反心理，树立端正的学习态度，养成良好的学习习惯，就要从大学生的生理、心理特点出发，采用他们比较容易接受的教育引导方式，来帮助学生走出学习逆反心理的困境。

第三节　大学生常见学习问题调适

要消除大学生的学习心理困惑，培养健康良好的学习心理，学校和学生两方面都要采取积极措施。学校应建设良好的校风和学风，培养教育学生树立正确的人生观、价值观，帮助学生确立明确合适的学习目标，培养学习兴趣，通过开展学习经验交流会等活动加强对学生掌握科学的学习方法的指导，提高学生的学习能力和效率，加强对学生学习心理健康的咨询、辅导、教育。

从大学生自身来说，要从以下几个方面来努力提高自己的学习能力。

一、树立正确的学习态度，确立明确的学习目标

俗话说，态度决定一切。要想学习好，首先得有个端正的学习态度。学习态度是指学生对学习的看法和情感，以及决定自己行动倾向的心理态度。由此可以看出，学习态度是由对学习的看法、情感以及行为倾向三个因素决定，其中情感因素是起决定性作用的因素。

有了端正的学习态度，还应该为自己的大学学习确立一个明确的长期目标和每个阶段的短期计划。目标是人们活动所追求的预期结果，是激发人的积极性使之产生自觉行为的必要前提。目标能指导人的行动，大学生进入大学后，中学阶段考大学的目标已经实现，跨入大学后就应该给自己确立新的理想和目标，使学习的目的性更强，从而强化学习动机。而且这种新目标要结合自己的实际情况和大学的学习规律来确立，还应该注意长期目标和短期计划的有机结合。

二、掌握科学的学习方法，科学合理地安排时间

学习方法就是人们在学习过程中为达到一定的学习目标或具体目的，根据学习的规律作用于学习客体而采取的步骤、程序、途径、手段等。有了科学的学习方法，才能达到事半功倍的学习效果，所以说学习方法在学习过程中的作用是非常重要的。但学习又是一种个人的活动，大学生因个性特点、学科专业方向等不同，所要采用的学习方法也各不相同。大学生可以从以下几个方面摸索和掌握适合自己的一套科学的学习方法：

1. 要认识大学学习的特点，通过自己的实践，逐步养成自觉学习的习惯，培养自己的自学能力。

80%刚入校的大学新生都存在着学习适应困难的问题，这是因为大学和中学的

学习特点不同。大学的学习以自学为主，而且除了学习知识，还要学会学习，学会思考，掌握自觉自愿学习的能力。

2. 要克服学习方法的惯性

不仅要尽快改变中学时被动的、死记硬背的听命于老师的学习方法，还要根据大学所学专业、课程、教学内容、教学形式、教学方法以及老师的个性特点，不断地进行调整，主动适应大学的学习。因为决定每个人学习能力的智力因素和非智力因素不同，因而学习方法也要因人而异。新生进校后，很多高校要组织开展学习经验交流会等活动来帮助新生尽快适应大学的学习，摸索建立科学的学习方法。听了学长的介绍后，有些同学回去效仿，却不怎么见效或收效很慢。如果遇到这种情况，就应该根据自己的实际情况尽快调整，以免耽误和浪费时间，挫伤学习的积极性和热情。

3. 要合理科学地安排和支配时间

大学的生活除了学习，还有丰富多彩的校园文化活动和学生社团活动。如何在有限的时间里既能保证自己有效的学习和参加实践活动时间，还要保证自己有充足的睡眠、休息、娱乐、锻炼时间，这是摆在大学生面前的一个难题。在刚入学的最初阶段，应该把时间和精力集中在学好规定的课程上，要养成预习、复习的好习惯，抓住课堂教学中的听讲、记笔记、练习、质疑的几个环节，学会利用工具书、图书馆等条件来辅助学习；还要处理好学习与工作、社团活动、体育锻炼、文艺活动以及休息的关系。这个过程要慢慢摸索，经过一段时间的协调磨合，培养出适合自己的有规律的学习生活和习惯，就会逐步适应新的生活。

三、培养学习兴趣

学习兴趣是学习活动的认识倾向，它是学习积极性中最现实、最活跃的心理成分。兴趣是情感的凝聚，学习兴趣是可以在学习过程中逐渐培养的。一个人如果对某件事情感兴趣，那么他就会深入持久地去做这件事，力争达到预期目的。俗话说兴趣是最好的老师，带着兴趣学习可以使大学生学习时心情愉快，长时间学习不会感觉到疲倦，所以要引导学生培养和激发对专业学习的兴趣，带着兴趣来学习才能消除学习疲劳和学习厌倦的心理。

四、注意用脑卫生，预防、消除心理疲劳

俗话说，文武之道，一张一弛。不会休息的人就不会工作，不注意劳逸结合的学习只能是事倍功半。要消除学习疲劳，除了要培养学习兴趣，大学生还应该根据学校的课程安排和自己的实际情况制订出科学合理的作息时间，充足的睡眠和加强

体育锻炼，养成良好的生活习惯，保证体力和脑力消耗的合理营养，才能有效地预防学习疲劳。还要创设良好的学习环境。嘈杂、脏乱的环境会让人心烦意乱，焦躁不安，容易产生学习疲劳。大学生的学习，除了鼓励学生个体努力学习以外，还要加强班风建设、学风建设和宿舍管理，营造良好的集体学习氛围，使同学们能在窗明几净、安静祥和的环境和氛围中学习。

【案例】

外语学院学生刘某，入校时是带着沮丧的心情来报到的。她由于高考发挥失常，与自己理想的全国重点大学失之交臂，不得不进入这所三本学校。唯一值得欣慰的是她外语成绩还可以，学外语也是她喜欢的专业。入校后刘某才发现自己所谓的外语行只是应试还行，真正的作为专业来学困难很多，首先是带着浓厚乡音的语音语调就给刚入学的她带来些许尴尬。长这么大第一次远离家人的无奈与孤独、学习上的不适应以及高考落败带来的失落感将这个刚入校的新生包围，她整天郁郁寡欢，学习无法集中注意力，继而感到学习很吃力。辅导员老师观察到这一情况后，多次与她谈心，要她学会正视现实，并告诉她高考的失败并不是一辈子的失败，只要踏实认真地学好专业，着力提高综合素质，同样能成为优秀的人才；并与专业课老师沟通，帮助刘某掌握外语学习的规律，建立练习和纠正语音计划，安排作息时间，还邀请高年级的同学给新生组织学习经验介绍会。在老师、同学的帮助下，刘某终于走出高考失败的阴影，投入到每天紧张的学习中，并积极参加了系学生会的选拔。由于她有体育特长，所以顺利进入学生会，她的大学生活开始朝着正确的方向前进。在校期间刘某的学习成绩一直名列前茅，她利用担任学生干部积累的经验积极投身社会实践活动，把运动场上顽强拼搏的精神运用到了每一项工作活动中；还获得了"三好学生"、"优秀学生干部"、"学院十大杰出青年"、"四川省优秀大学毕业生"等荣誉称号和国家奖学金，毕业时也找到了自己满意的工作岗位。

第四节　考试心理卫生

在应试教育体制下，考试的成功与否是学生及家长关注的焦点，尤其是一考定终生的高考，所以学生对考试都有或多或少的压力。适度的压力可以促进考生集中思考、认真学习，但如果压力过大，考生则很难去正确认识和对待，就会产生很大的负面影响，甚至产生心理障碍；如果没能及时调节，还可能会引起心理疾病。考试障碍主要表现在以下三个方面：

一、考试焦虑

考试焦虑是指在一定的应试情境下，个体受认知评价能力、人格倾向以及其他身心因素所制约，以担忧为基础特征，以预防或逃避为行为方式，所表现出来的紧张、恐惧的情绪状态。考试焦虑是一种负面情绪，它既可以是一种暂时性的情绪状态，又可以持续发展成为焦虑性神经症。考试焦虑是考生在考试过程中解决问题的动机强度。适度的焦虑有利于考生积极地调动生理和心理能量，全神贯注地应对考试，但如果过度的焦虑，就会干扰识记和回忆，主要表现为考试前紧张、忧愁、失眠、恐惧、心烦意乱；临考时四肢发麻、肌肉颤抖、心跳加快、冒虚汗、注意力不集中、尿频、腹泻等，原本熟悉的知识这时由于过度的紧张而想不起来，影响思维水平的正常发挥，严重时还出现晕场现象。

那么考生应该怎样对待考试过度焦虑的问题呢？首先，要减轻考生的心理压力，正确看待考试。不要把考试成绩看得过重，不要老是想着考试结果，也不要想分数决定自己的前途和命运，把注意力集中在考前复习和考试过程中对问题的解决上，尽量排除杂念，一门心思地解答考题。其次，制订出科学、合理的学习和复习计划，提高对自己的信心。对于自己所要掌握的知识做到"心中有数"，哪些是复习的重点，哪些是自己的薄弱环节应该重点复习，还要根据自己学习情况确定预期目标，不能不切实际地提出期望，从而增加焦虑。同时在考前和考试过程中要对自己时刻充满信心。自信是一种动力，也是成功的开端。有人说过，世界上不是因为事情难办使我们失去了自信，而是因为失去了自信才使事情难办。第三，要保持身体健康和营养丰富。要注意劳逸结合，每天要保证充足睡眠，不搞疲劳战术，免得形成学习的恶性循环。第四，考试时尽量放松，按照先易后难的顺利集中注意力答题，如果答题中出现记忆无法接通的现象，不要慌作一团，可闭上双眼，用手揉揉两颊，深呼吸几次，尽量使自己平静下来，然后再去看试题。这样随着情绪的稳定，记忆也就清晰了。过度的焦虑如果通过自己的调节仍然不能放松，应该寻求专业人员进行心理帮助。

附：考试焦虑自我检查表

请仔细阅读每一道题，如果反映出你在应试时的真实情况，就在该题后打√，如果不是则无须做任何标记。

1. 我希望不用参加考试便能取得成功。

2. 在一次考试中取得的好成绩，似乎不能增加我在其他考试中的自信心。

3. 人们（家人、朋友等）都期待我在考试中取得成功。

4. 考试期间，有时我会产生许多对答题毫无帮助的莫名其妙的想法。

5. 重大考试前后，我不想吃东西。

6. 对喜欢以"突然袭击"方式组织考试的教师，我总是感到害怕。

7. 在我看来，考试过程似乎不应搞得太正规，因为那样容易使人紧张。

8. 一般来说，考试成绩好的人，将来必定在社会上能取得更好的地位。

9. 重大考试之前或考试期间，我常常会想到其他应试者比自己强很多。

10. 如果我考糟了，即使自己不会老是记挂着它，也会担心别人对自己的评价。

11. 对考试结果的担忧，在考试前妨碍我准备，在考试中干扰我答题。

12. 面临一次必须参加的重大考试，我会紧张得睡不好觉。

13. 考试时，如果监考人员来回走动注视着我，我便无法答卷。

14. 如果考试被废除了，我想我的功课实际上会学得更好。

15. 当了解到考试结果在一定程度上影响我的前途时，我会心烦意乱。

16. 我知道，如果自己考试时能集中精力，便能超过大多数人。

17. 如果我考得不好，人们将对我的能力产生怀疑。

18. 我似乎从来没有对应试进行过充分的准备。

19. 考试前，我的身体不能放松。

20. 面对重大考试，我的大脑好像凝固了一样。

21. 考场中的噪音（如日光灯的响声，暖气或冷气发出的声音，其他应试者的动静，等等）使我烦恼。

22. 考试之前，我有一种空虚、不安的感觉。

23. 考试使我对能否到达自己的目标产生了怀疑。

24. 考试实际上并不能反映一个人对知识掌握得究竟如何。

25. 如果考试得了低分数，我不愿意把自己的确切分数告诉别人。

26. 考试前，我常常感到还需要再充实一些知识。

27. 重大考试之前，我的胃不舒服。

28. 有时，在参加一次重要考试的时候，一想起某些消极的东西，我似乎觉得就要垮了。

29. 在得知考试即将结束之前，我会感到十分焦虑或不安。

30. 但愿我能找到一个不需要考试便能被录用的工作。

31. 假如在这次考试中我考得不好，我想那就意味着自己并不像原来所想的那样聪明。

32. 如果我的考试分数低，我的父母将会感到非常失望。

33. 对考试的焦虑简直使我不想认真准备了，这种想法又使自己更加焦虑。

34. 应试时我常常发现，自己的手指在哆嗦，或双腿在打战。

35. 考试过后，我常常感到自己本来应考得更好一些。

36. 考试时，我情绪紧张，注意力不集中。

37. 在某些试题上我考虑得越多，脑子也就越乱。

38. 如果我考糟了，且不说别人可能对我有看法，就连我对我自己也会失去信心。

39. 考试时，我身上某些部位的肌肉很紧张。

40. 考试前，我感到缺乏信心，精神紧张。

41. 如果我的考试分数低，我的朋友们将会对我感到失望。

42. 考试之前，我所存在的问题之一就是不能确知自己是否做好了准备。

43. 当我必须参加一次确实很重要的考试时，我常常感到十分恐慌。

44. 我希望主考人能够觉察，参加考试的某些人比另一些人更为紧张，我还希望主考人在评价考试结果的时候，能对此加以考虑。

45. 我宁愿写一篇论文，也不愿意参加考试。

46. 公布我的考分之前，我很想知道别人考得怎么样。

47. 如果我得了低分数，我认识的某些人将会感到快活，这使我心烦意乱。

48. 我想，如果能为我单独举行考试，或者没有时限压力的话，我的成绩将会好得多。

49. 考试成绩直接关系到我的前途和命运。

50. 考试期间，有时我非常紧张，以至于忘记了自己本来知道的东西。

结果分析：该检查表由三部分内容组成。

第一部分，测查考试焦虑的来源或原因，其中包括担心他人对自己的评价、担心考试成绩不好会使个人的自我形象受到影响、担心个人未来的前途、担心个人对应试准备不足等四个方面。

第二部分，分析考试焦虑的表现，其中包括身体反应和思维障碍两个方面。

第三部分，测量一般性焦虑的状况。一般性焦虑状况可作为人格特征的指标，为考试焦虑的分析提供有价值的信息。

二、考试怯场

什么是"考场怯场现象"呢？考生在考试时由于紧张导致记忆力减退、思维能力下降而不能考出原有水平，这种现象被称为"考场怯场现象"。

为什么会产生怯场现象呢？产生这种现象的原因主要有以下几点：

1. 紧张

有的考生心理素质较差，承受能力低，在遇到比较紧张、严肃的场面时就会情不自禁地怯场，以至于无法发挥出原有的水平。

2．恐惧

有的家长在考试前对孩子说："考得好给予奖励，考不好你可小心点儿。""这次再考不好，看我怎么惩罚你。"这些话对考生会造成沉重的思想压力，生怕考不好会受到惩罚，临场考试时就会过分紧张，不能很好地发挥。

3．陌生

有些考试不是在自己熟悉的环境中进行，也不是自己熟悉的老师监考，考生一看到监考老师严肃的神情和考场上紧张的气氛便有如临大敌之感，再加上平时学习成绩不够稳定，便容易产生怯场心理。

4．怀疑

对自己的学习成绩缺乏正确评价，总是怀疑自己的能力，担心过不了考试关，一上考场就心慌意乱。

怎样避免考试怯场？

（1）调整考试动机。心理学的研究表明：动机的强度与应试能力之间呈现"U"字形的关系。动机过弱，把考试看得无所谓，当然不能激发积极的考试行为；但动机过强，把考试看得过分重要，要求自己必须得多少分，反而会影响考试情绪的正常发挥。所以，在考试前一定要确立正确的、恰当的应试动机。

（2）消除考前疲劳。有的考生习惯于考前开夜车，搞得人很疲劳，这是不科学的应试方法。人越疲劳，记忆能力越差，发生暂时遗忘的可能性越大。而且，人在疲劳状态下，容易出现种种引起大脑迟钝的生理反应，这些都会加重怯场现象的发生。因此，考前一定要注意加强营养，保持正常的饮食和睡眠，避免过度的紧张和劳累，以便能够养精蓄锐地迎接考试。

（3）做好考前知识及心理准备。考试之前，要全面、系统地认真复习，弄清不懂的问题，不打无准备之仗。那种"平时不烧香，临时抱佛脚"的做法，自然会使人在考试时产生过度的焦虑，引起考试的紧张心理。考试时，对自己要有充分的自信心。要从容不迫、豁达开朗，多想自己已经全面系统复习了，自己有把握考好，多想教师、父母亲友鼓励自己的话，等等，从而抑制考试的紧张心理，产生积极情绪，提高大脑的工作效率。

（4）进行自我暗示。暗示语要具体、简短和肯定。如"我早就准备好了，就等这一天""我喜欢考试，喜欢同别人比个高低""我今天精神很好，头脑清醒，思维敏捷，一定会考出好成绩"等。通过这样的听觉渠道、言语渠道，反馈给大脑皮层的相应区域，形成一个多渠道强化的兴奋中心，能有效地抑制紧张情绪。

（5）转移刺激。我们都有这样的体会，有时明明知道试题的答案，由于紧张，就是想不起来，可事后不假思索地正确答案就冒出来了。这种现象在心理学上叫"舌尖现象"。遇到"舌尖现象"，最好是把回忆搁置起来，去解其他问题，等抑制过去后，需要的知识经验往往会自然出现。

【案例】

我院英语旅游系 2007 级学生陈某进校不久后，辅导员老师就发现一有重要活动或者考试，该生就要请假。在前两次请假由于理由不充分都没得到批准后，该生竟然不辞而别，到机场时才打来电话说自己已经在回家的路上。辅导员老师将该生的这一情况和家长及任课老师交流，老师们都觉得该生平时课堂表现不错，应该属于中等偏上的同学，平常的考试对她来说是比较轻松的。怎么会是这个样子呢？后来与家长的交谈中才找到问题的症结。原来该生在中学时就有考试怯场现象，平时掌握得很好的知识，一到考试就大脑一片空白，什么都想不起来。面对这一情况，辅导员老师建议该生要面对现实，逃避解决不了任何问题，只会加重问题的解决难度，并建议该生去学校的心理咨询中心寻求帮助。后来在心理咨询中心老师的辅导帮助下，该生慢慢地调整了对考试的看法和态度，能心平气和地面对考试，并在 2011 年硕士研究生入学考取中发挥超常，考取了北京大学翻译专业的硕士研究生。

三、考试作弊

在监考者通过书面、口头提问或实际操作等方式考查参试者所掌握的知识和技能时，参试者通过不正当途径参试、考核过程中在考核不允许的范围内寻求或者试图寻求答案，与公平、公正原则相悖的行为。

考试作弊现象十分令人深恶痛绝。部分高校实行严格的治理措施，凡考试作弊者一律给予勒令退学处分，而更多的高校是给考试作弊者留校察看或记过处分、取消学位等处罚。面对校方的严厉处罚措施，大学校园中的考试作弊现象却屡禁不止，究其原因，我们发现有客观因素，比如社会大环境的影响、教学模式和管理模式的不完善、监考教师执行不力、对学生评价体系的不全面等，但更多的是由于大学生自身的主观因素造成。从学生考试作弊的心理动机方面分析可以看出，当代部分大学生缺乏健康向上的心理，自信、自尊、自重、自强、自立意识薄弱和自我约束力差是导致作弊行为的重要原因。主要体现在以下几个方面：

1. 缺乏是非观念与道德观念

由于从小家庭、学校包办过多过细，当代大学生对人生观、价值观缺乏思考，对是与非，对与错，不加分析，不以考试作弊为耻。在一次关于"考试作弊问题"的随机问卷调查中显示：64.2%的学生认为考试作弊和道德品质"没多大关系"，6.7%的人甚至认为两者"毫无关系"，只有 29.1%的人认为两者"有密切关系"。

2．投机取巧，坐享其成

少数学生跨入大学后，对自己放松了严格要求，学习失去了目标。平时怕吃苦，学习不努力，到了考试就动歪脑筋，利用各种手段进行考试作弊，坐享其成。

3．产生盲从心理

有些学生看到别的同学考试作弊轻而易举，尤其还取得了较好的成绩，使得一些学习努力的反而不如考试作弊的这些学生感到考试成绩不公平，心态不平衡，进而也加入到考试作弊的队伍之中。

4．试图蒙混过关

有些学生由于学习态度和基础较差，几个学期下来，成绩趋弱、面临退学，这时面对家庭和前途的压力，试图用考试作弊来蒙混过关。

5．虚荣心作怪

有些学生平时表现不错，有的是学生骨干，有的是历年奖学金获得者，他们考试作弊不是为了过关，而是为了得到更高的分数，以便保持荣誉和评奖评优，满足自己的虚荣心。

6．是非不分，仅凭义气

这类学生自身学习成绩相对较好，然而面对同学的"求助"，不假思考，慷慨地伸出"友谊"之手，岂知害人害己。究其原因，是把考试当儿戏，对作弊的危害性认识不清。

如何有效预防和杜绝考试作弊和违纪现象呢？

1．不断强化良好的自我意识，塑造诚信人格。

所谓自我意识，简单地讲就是指一个人对自己的认识和评价。大学生良好自我意识应当包括自知、自爱、自尊、自强、自制等。

自知，指人应有自知之明，也就是要看到自己的不足，更要看到自己的长处，这就需要自我观察、自我认定、自我判断和自我评价。

自爱，就是悦纳自己、保护自己、重视身体健康、珍惜自己的品德和荣誉，以赢得别人的尊敬和友情，并能善于适应现实环境，力求自身的发展和学习的进步。

自尊，是人的基本动机之一，人的能力有大小、地位有高低，但在生活和工作中应与别人居平等的状态，表现出不退缩、不畏惧、不妄自菲薄，要做到谦而不卑。

自强，是心理健康之本，也是立身之本。尤其是当今大学生，一定要自我肯定，相信自己，在纷繁多变的环境中，能够自我成长、自我实现，无论要在什么情况下，都不能轻易放弃，轻易言败。

自制，就是不但能控制自己的情绪，而且能根据自己的能力做到有所为、有所不为，能独立地做出决定，善于掌握和支配自己的行动。大学生只有在平时的生活中不断完善自我意识，树立乐观、成熟、诚实的品性，才能达到完美人格的塑造。

2. 明确学习目标，提高学习动力，学会学习，注意平时积累。

学习目标的明确是至关重要的。明确的学习目标有利于学习动力的提高和学习热情的激发。大学的学习不是简单的知识被灌输和积累，而是学会学习、掌握自学的技巧。很多大学生学习成绩不理想、学习效果不佳往往都是因为没有学会学习。

简单地死记硬背、临阵磨枪并不是最理想的学习方式。合理的学习应当遵循一定的心理学规律，比如记忆就有一个认识、保存、再认识的过程，而且全过程伴随有遗忘，大学生怎样才能遵循记忆遗忘的规律进行学习、合理安排集中复习和分散复习，这些都是非常值得大学生注意的事情。只有平时认真学习，遵循学习的规律，做到循序渐进、厚积薄发，才能使自己树立自信，笑对考场。

3. 注意对考试认知的调整，理智看待考试及其结果

心理学研究发现，应激和挫折本身并不是导致情绪障碍和行为偏差的直接原因，人们对诱发事件所持的看法、解释、信念才是引起人的情绪和行为的直接原因。很多大学生对考试的本身以及考试不及格等引起的后果存在错误的认识，认为考试只能成功不能失败、考试失败就意味着人生的失败、考试失败会对不起父母朋友、一次考试失败就意味着前途彻底黯淡，等等。

种种的认知偏差都需要我们不断地去转变和矫正。生活中其实有很多的人生哲理值得我们去学习和借鉴，吸取其中的营养，比如"兵来将挡，水来土掩"、"塞翁失马，焉知非福"、"顺其自然，为所当为"、"谋事在人，成事在天"、"阳光总在风雨后"，等等。大学生如果能合理地转变自己绝对化的、以偏概全的认识事物的模式，就能够有很好的心态面对考试及面对考试的结果。

4. 做好考试期间的良好心理维护和保健

很多大学生在考前有考试焦虑、考场恐怖等心理问题，所以做好考试期间的良好心理维护，确保一个良好的心理状态去参加考试，从而避免作弊念头的产生和行为的发生是非常有必要的。

考试期间良好的心理维护可以通过自我鼓励、自我积极暗示、科学用脑、有效利用生物节律安排复习、劳逸结合、加强运动、焦虑时转移注意力、学会放松、积极咨询求助、合理用药等一系列心理自我保健、心理咨询，甚至心理治疗的方法来达到良好的效果。

预防考试作弊除了学生的主观努力，学校也要从营造良好的考风考纪着手，加强制度建设，重视学生思想教育、心理辅导，为预防和杜绝考试作弊做出卓有成效的努力。首先应从改进考试形式、加强监考力度和违纪作弊的处罚力度、改变教学管理模式等管理方式上下工夫，其次要从对学生的教育和引导着手，做好学生的思

想教育工作和心理辅导咨询工作，重视宣传教育，让学生树立正确的考试观，培养健康的考试心理。

【思考与讨论】

1. 怎样适应大学生活，做最好的自己？

2. 怎样摆脱厌学、学习逆反心理？

3. 怎么增强心理素质，考试做到游刃有余？

第七章　大学生人际交往

在人际交往的过程中，我们给他人的印象是怎样的，以及他人怎样评价我们？认真思考这个问题，比较一下他人对自己的评价和自己对自己的评价的异同，将有助于我们更好地认识自己。交流思想，一个头脑就有了多种思想；分享快乐，快乐就会加倍；分担忧愁，忧愁就会减半。每个人都是一个独特的生命个体，必然知道一些别的个体所不知不会的东西；而善于从每一个人身上学习自己所不知不会的东西，我们才能不断地进步。完成自身社会化的进程，获得物质需要之外的精神需要。同时良好的人际关系也有助于人们的心理健康和良好心理品质的形成。通过本章的学习，我们将了解大学生的人际交往概念、形成与发展，人际交往的心理等方面的知识，为我们在大学甚至以后走向社会建立良好的人际交往打下坚实的基础。

第一节　认识人际关系

一、人际关系的基本概念

人际关系，是人与人之间的心理关系。人际交往表现为人与人之间的心理距离，反映着人们寻求满足需要的心理状态。从动态上讲，人际交往是指人与人之间一切直接或间接的相互作用，但都超不出信息沟通与物质交换的范围；从静态上讲，是指人与人之间通过动态的相互作用形成的情感联系。

任何一种人际关系都包含着 3 个互相联系、互相促进的成分，即认知成分（指相互认识、相互了解）、情感成分（指积极或消极情绪、爱或恨、满意或不满意）和行为成分（指交往行为），其中情感成分是人际关系的核心成分。人际关系的变化与发展取决于人际交往中双方的需要满足的程度，如果双方在相互交往中都获得了各自需要的满足，相互之间才能发生并保持一种接近的心理关系，表示出友好的情感。

不同人际关系会引起不同的情绪体验。若人与人之间心理距离很近，双方就会感到心情舒畅，无所不谈。若发生矛盾冲突，心理上的距离很大，彼此就会产生不愉快的情绪体验，如心情抑郁、孤立、忧伤，从而影响个人的身心健康，严重的还会导致心理失常。

人是社会动物，每个个体均有其独特的思想、背景、态度、个性、行为模式及价值观，然而人际关系对每个人的情绪、生活、工作有很大的影响，甚至对组织气氛、组织沟通、组织运作、组织效率及个人与组织的关系均有极大的影响。如何搞好人际关系也是一门学问。

二、人际关系的形成与发展

（一）人际关系的形成

人际关系与人际交往是两个既有联系又有区别的概念。人际关系是在人际交往的基础上形成和发展的，是人际交往多次反复并凝结为一定模式的结果。人际关系的性质、亲密程度既从交往中表现出来，也影响着交往的内容和交往的频率。人际交往和人际关系各有其侧重点和特定的内容。人际交往着重反映社会群体中人与人之间相互联系的过程和形式，人际关系则侧重反映人与人交往联系后形成的各种心理状态和行为特征。因此，人际交往是一个人形成一定人际关系的前提，没有交往就不可能建立人际关系。交往使人们彼此传达思想、交换意见、表达情感和需要。人际交往多次反复，形成一种模式，就构成相对稳定的人际关系。

（二）良好的人际关系的形成和发展

心理学家奥尔特曼和泰勒对人际关系进行系统研究后提出，人际关系的形成与发展一般要经过以下四个阶段：

1. 定向阶段

在这个阶段，主要是初步确定要交往并建立关系的对象，包含对交往对象的注意、抉择和初步沟通等。人们对人际关系具有高度的选择性。生活中，人自然而然地特别关注那些在某些方面能够吸引自己兴趣的人。但究竟把谁作为自己人际关系的对象，常常还要根据自己的价值观做理性的抉择。选定交往对象后，就会利用各种机会和途径去接触对方，了解对方，通过初步沟通，人们可以明确双方进一步交往并建立关系的可能与方向。定向阶段通常是个渐进的过程，但也不缺乏戏剧性的发展。比如两个邂逅相遇却一见如故的人，其关系的定向阶段就一次就完成了。

2. 情感探索阶段

在这个阶段，双方主要是探索彼此在哪些方面可以建立真实的情感联系。尽管已经有了一定的情感卷入，但还是避免触及私密性领域，表露出的自我信息比较表面，因此仍然具有很大的正式性。

3. 情感交流阶段

在此阶段，双方的人际关系开始出现由正式交往转向非正式交往的实质性变化。表现在彼此形成了相当程度的信任感、安全感、依赖感，可以在私密性领域进行交流，能够相互提供诸如赞赏、批评、建议等真实的互动信息，情感卷入较深。

4. 稳定交往阶段

这是人际关系发展的最高水平。双方在心理上高度相容，允许对方进入自己绝大部分的私密性的领域，分享自己的生活，成为"生死之交"。但是实际上，能够达到这一层次的人际关系的人很少，人们与自己的亲朋好友的关系大多都处于第三阶段的水平上。

(三) 人际关系形成与发展的因素影响

因为人际关系的建立受各种因素的影响，除了受社会、经济、政治等因素的影响外，从心理学角度看，它还受其他一些更为直接的、更为具体的因素影响，具体表现为：

1. 邻近性

邻近性也称作相似性。俗语说："物以类聚，人以群分"。人与人之间对某种事物或事件具有共同或相似的态度，具有共同的理想、信念、价值观和共同的兴趣爱好，感情上容易产生共鸣，形成密切的人际关系。相似会导致人际吸引，这一点已为社会心理学家所做的大量研究所证明。

2. 互补性

人际交往中，相似性固然对人际吸引具有重的意义，但当双方的需要和期望正好互补时，往往也会产生强烈的吸引力。

3. 个人特征

人际交往中，个人的吸引力包括外貌、才能、个性品质等。

三、人际交往的重要性

大学是人际关系走向社会化的一个重要转折时期。踏入大学，就会遇到各方面的人际关系：师生之间，同学之间，同乡之间，以及个人与班级、学校之间的关系等。面对如此众多的人际关系，有的同学因为处理不当，整日郁郁寡欢，心情沮丧；有的同学因为人际关系紧张，精神压力很大，导致程度不同的心理病症；而更多的同学则由于不知如何处理复杂的人际关系，而经常为苦闷、烦恼的情绪所困扰。可见，如何处理好人际关系，对于几年大学生活和未来事业的成就，是至关重要的。

人际关系，是人与人之间在活动过程中直接的心理上的关系，或心理上的距离。人际关系即是人与人之间心理上的直接关系，也就是情感上的关系，表现为双方发生好感或恶感、对别人的行为容易接受或无动于衷、积极的交往或闭关自守、心理上与他人相容或不相容等。和谐、友好、积极、亲密的人际关系都属于良好的人际关系，对于一个人的工作、生活和学习是有益的；相反，不和谐、紧张、消极、敌对的人际关系则是不良的人际关系，对一个人的工作、生活和学习是有害的。人的成长、发展、成功、幸福都与人际关系密切相关。没有人与人之间的关系，就没有生活基础。对任何人而言，正常的人际交往和良好的人际关系都是其心理正常发展、个性保持健康和生活具有幸福感的必要前提。

1. 交往与个性发展

心理学的研究结果表明，儿童与其照看者之间通过积极的交往形成稳定的亲密关系，是其心理乃至身体正常发展不可缺少的条件。与此同时，如果儿童缺乏与成人的正常交往及由此建立起来的亲密关系，不仅性格发展会出现问题，连智力也会出现明显障碍。例如孤儿院里的孩子被普通家庭收养后，心理交往的状况发生根本改变，其智力发展很快赶上正常孩子。

2. 交往与心理健康

心理学家研究表明，如果一个人长期缺乏与别人的积极交往，缺乏稳定的良好人际关系，那么这个人往往有明显的性格缺陷。在心理健康教育实践中，我们也注意到，绝大多数大学生的心理危机与缺乏正常人际交往和良好人际关系相联系。在宿舍里，同伴之间的心理交往的状况，往往决定了一个大学生是否对大学生活感到满意。那些生活在没有形成友好、合作、融洽的人际关系的宿舍中的大学生，常常显示压抑、敏感、自我防卫、难于合作的特点，情绪的满意程度低。在融洽的宿舍里生活的大学生，则以欢乐、注重学习与成就、乐于与人交往和帮助别人为主流。可见，人的心态与性格状况，直接受到与别人交往和关系状况的影响。

心理学家曾从不同角度做过大量研究，结果表明：健康的个性总是与健康的人际交往相伴随。心理健康水平越高，与别人的交往就越积极，越符合社会的期望，与别人的关系也越深刻。心理学家奥尔波特发现，个性成熟的人都同别人有良好的交往与融洽的关系，他们可以很好地理解别人，容忍别人的不足和缺陷，能够对别人表示同情，具有给人以温暖、关怀、亲密和爱的能力。人本主义心理学家亚伯拉罕·马斯洛发现高水平的"自我实现者"，对别人有更强烈、更深刻的友谊与更崇高的爱。

还有的研究结果表明，那些心理健康水平高的优秀者，往往来自于人际关系良好的家庭，这也从一个侧面提供了人际交往状况影响个体心理健康的佐证。

处于青年期的大学生，思想活跃，精力充沛，兴趣广泛，人际交往的需要极为强烈。他们力图通过人际交往去认识世界，获得友谊，满足自己物质上和精神上的各种需要。因此，青年期的大学生希望被人接受、理解的心情尤为迫切。在人的一生中，再也没有像青年时期那样处在孤独之中，再也没有像青年时期有那种强烈的渴望被理解的愿望。

第二节　人际关系与大学生心理健康

一、大学生人际关系的类型

按人际交往范围的大小，人际关系可分为3种类型：个体与个体之间，如同学关系、朋友关系、师生关系、父子关系、母子关系等；个体与群体之间，如个人与家庭、学生与班级的关系等；群体与群体之间，如班级与班级的关系等。这是人际关系最基本的划分方法。

从社会学的角度来看，人际关系是人们为了满足某种需要，通过交往形成的彼此之间比较稳定的心理关系。人际关系是社会关系的一个侧面，它以情感为纽带，以人们的需要为基础，以交往为手段，以自我暴露为标志的一种心理关系。大学生人际关系的主要类型有：

血缘型：它是大学生的一种天然的人际关系，如与父母、兄弟等的关系。

地缘型：主要指大学生因地域相同的缘故而结成的人际关系，如同乡会等。

业缘型：指大学生以所学专业为纽带形成的人际关系，包括师生关系、同学关系等。

趣缘型：指大学生以兴趣为主而结成的人际关系，专业兴趣所造成的业缘人际关系也属此类，如话剧社、剧团等。

情缘型：指男女大学生为满足爱情的需要，通过与异性交往而建立的人际关系。情缘关系是大学生人际关系中强度较大的一种。

二、大学生人际交往的特点

从交往心理看，大学生交往呈多元性与开放性。大学生渴望友谊，渴望结交更多的朋友，交流更多的信息，接受更多的新思想。在这种心理的作用下，大学生的人际交往呈现出前所未有的开放式交往趋势，表现在：

一是交往的范围扩大。交往对象由以前的亲缘、朋辈交往转向更广泛的社会交往群体。同学交往不局限于同班同学，发展到同级、同系，甚至是同校的可认识的所有同学；不仅包括同性交往，异性交往也是同学交往的重要方式。

二是交往频率提高。交往由偶尔的相聚、互访发展到较为经常的聊天、社团活动、聚会、体育活动、娱乐、结伴出游以及其他一些集体活动。

三是交往手段多元化。电子网络的发展为大学生的交往提供了更加广阔的交往空间，交往手段的发展使大学生的人际交往变得更方便、更快捷，交往距离更远，交往范围更广。

从交往方式看，以寝室为中心，社会工作和网络社交占主导。大学生虽然主动追求开放式的人际交往，但由于时间、精力、生活环境、经济条件等方面的限制，交往的主要场所仍然在校园内，中心是学生的寝室。尽管 BBS 和 QQ 等新兴社交方式正逐渐被大学生接受并渗入到他们的生活中，但新兴社交方式所发挥的作用并不被学生们看好。

从交往目的看，情感型交往与功利型交往并重。随着社会的发展变化，大学生在社交目的上也趋于"理性化"，选择什么样的人交朋友，并不纯粹是出于情感和志同道合，交往的动机已变得很复杂。可以说，大学生的人际交往在注重情感交流的同时，越来越注重与自身社会利益相关的务实性，呈现出情感型交往与功利型交往并重的趋势。

三、大学生人际交往中常见的问题

近年来，由于各种因素的影响，大学生人际交往困难成为大学生活中的一个普遍问题。那么大学生人际交往过程中究竟存在哪些具体问题呢？主要存在以下几个问题：

1. 自我中心型

在与别人交往时，"我"字优先，只顾及自己的需要和利益，强调自己的感受，而不考虑别人的情绪，自己高兴时，就高谈阔论，眉飞色舞，手舞足蹈；不高兴时，就郁郁寡欢，谁都不理，或是乱发脾气，根本不尊重他人，漠视他人的处境和利益。

2. 自我封闭型

这种类型有两种情况，一种是不愿让别人了解自己，总喜欢把自己的真实思想、情感和需要掩盖起来，往往持一种孤傲处世的态度，只注重自己的内心体验，在心理上人为地建立屏障，故意把自我封闭起来。另一种情况是虽然愿意与他人交往，但由于性格原因却无法让别人了解自己。这样的人一般性格内向孤僻，形成了一种自我封闭的状态。

3. 社会功利型

任何人在交往过程中都有这样那样的目的、想法，都有使自己通过交往得到提高、进步的愿望，这些都是好的。但如果过多、过重地考虑交往中的个人愿望，利益是否能够实现和达成，实现的可能性有多大等，就很容易被拜金主义、功利主义等错误思想腐蚀、拉拢，使个人交往带上极其浓厚的功利色彩。有的大学生在与别人交往时处处为自己着想，只关心自己的需要和利益，强调自己的感受，把别人当作达到目的、满足私欲的工具；不尊重他人的价值和人格，漠视他人的处境和利益。这种人在人际交往中，缺乏对自己的正确认识，无论他们多么精明，永远也不会与人建立牢固、持久、良好的人际交往。

4. 猜疑妒忌型

猜疑心理在交往中，一般表现为以一种假想目标为出发点进行封闭性思考，对人缺乏信任，胡乱猜忌，说风就是雨，很容易接受暗示。猜疑是人际关系和谐的蛀虫。另外，心理学认为，任何人都有不同程度的嫉妒心。一定的嫉妒心，可以激发人们奋发向上的积极性，而一旦这种嫉妒心超出限度就会走向反面，影响人与人之间正常的关系。在平时的交往中，嫉妒心主要表现为对他人的成绩、进步不予承认，甚至贬低；自己取得了成绩、获得了荣誉就沾沾自喜，但同时又焦虑不安，对他人过分堤防，害怕他人赶上；有的甚至因此而怨恨他人的所作所为。嫉妒心，嫉的是贤，妒的是能，这就是所谓的"嫉贤妒能"。如若自己不能够很好的调整心态，发展到极端就会产生同归于尽的心理，自己得不到的东西，别人也别想得到，自己不成功，他人也休想成功。

5. 江湖义气型

有些学员热衷于江湖义气，对所谓的江湖好汉、义士崇拜得五体投地，与其他学员称兄道弟、拜把子，管它什么集体利益、校纪校规、国法，不惜为哥儿们两肋插刀，大有豪气冲天的勇者风范。而实际上，它是封建社会的产物，是维护个人和小团体私利的宗派团伙意识。在平时交往中，我们一定不能搞小团体、小圈子，应当坚持团结合作，珍惜互相之间的情谊，这样才能做到"人伴贤良智更高"。

第三节　大学生人际交往障碍与调适

良好的人际关系，能提高大学生的自信和自尊，增强自我价值感和力量感，有助于缓解内心的冲突和苦闷，减少孤独、空虚等。不良的人际交往，则会增加大学生的挫折感，激发内心的矛盾和冲突，产生一系列不良的情绪反应，影响身心健康。因此，探讨大学生常见的人际交往问题，客观地分析引起人际关系困惑的原因，是作针对性心理调适，改善大学生人际关系的前提。

一、常见的人际交往障碍类型

（一）人际交往自卑感

在人际交往中，自卑主要表现为：对自己的能力、品质等自身因素评价过低；心理承受能力脆弱；谨小慎微，多愁善感，产生猜忌心理，行为畏缩，瞻前顾后等。

自卑心理的产生，主要来源于心理上消极的自我暗示。其主要原因有：一是现实交往受挫，产生消极反应；二是生理上的某些不适引起消极自我暗示；三是对自我智力与能力估计过低带来的消极自我暗示；四是对性格与气质自我评价过低带来的消极自我暗示。自卑是心理暂时失去平衡的一种心理状态，可以通过补偿的方式来加以调适。积极的补偿方式有：（1）正确对待失败。（2）增强自信。（3）扬长避短。

（二）人际交往的恐惧感

人际关系作为人们交往的心理活动，是主动的、相互的。部分大学生由于缺乏这种主动交流的心理能力，面对陌生人，尤其异性，表现出害羞、主动回避、畏缩、面红耳赤、目光紧张、心跳加快、讲话吞吞吐吐、难以自我控制等。为此，他们常常陷入焦虑、痛苦、自卑中，严重影响到身心健康及日常的学习和生活。社交恐惧是心理紧张造成的，是可以改善的。一是消除自卑，树立信心。对自己要有正确的认识，过分自尊和盲目自卑都没有必要，不要对自己求全责备。二是改善自己的性格。害怕社交的人性格多半比较内向，应注意锻炼自己，多参加集体活动，尝试主动交往，使自己豁达开朗。三是掌握知识。掌握社交的技巧和艺术，对消除恐惧症大有裨益。

（三）人际交往的嫉妒感

大学生相互之间个别差异是客观存在的。引起大学生嫉妒的因素主要有以下几类：外表、成绩、能力、物质条件、恋人、运气等。那些自尊心过强、虚荣心过盛、自信心不足、以自我为中心的大学生更易产生嫉妒心理。大学生应学会理智地处理嫉妒心理：一是培养达观的人生态度。二是要化消极的嫉妒为积极的嫉妒。勤奋努力，力求改善现状，开创新局面。三是要充实自己的生活。四是要密切交往，加深理解。同学之间要打开心扉，主动接近，加强心理沟通，避免发生误会。即使发生了误会也要及时妥善消除。

（四）人际交往的猜疑症

猜疑即多疑，疑是建立在猜的基础上，往往缺乏事实依据，在许多时候也缺乏合理的思维逻辑。易猜疑的人对人、对事特别敏感，在这种心理作用下，人会陷入作茧自缚、自圆其说的封闭思路中。

一个人之所以产生猜疑，多是因为过分关心自己，常以自己的利益为中心，是一种错误的思维定式。它会导致人际关系紧张，伤害他人感情，无事生非，同时也使自己处在不良的心态之中。克服猜疑的方法有：一是要心胸开阔，不要过分计较；二是要学会全面、辩证地分析问题，改变封闭性的思维方式，学会全面的看问题；三要加强沟通。

二、人际交往中的心理调适

改善人际关系，加强人际交往，不仅有利于促进个体心理健康发展，而且有助于优化人们的生活环境。实践证明，增进人际交往、改善人际环境的关键在于加强心理调适，培养交往能力。

（一）培养良好的人际交往心态

良好的人际交往心态对人际关系的意义非同小可。尽管大学生们每天也都处在各式各样的交往环境中，但不是每个大学生都有良好的交往意识。不少学生只是被动地处于交往中，有的学生甚至远离人群、自我封闭。学校教育要帮助学生建立起勇于交往、善于交往和树立正确的交往动机的良好交往心态，让学生认识交往的重要性，有了良好的交往意识，才能积极主动地与人交往。

（二）要增强自信，消除自卑

在人际交往中正确地认识自己和别人是一件不容易的事，在错误的自我估价中，对人际关系妨碍最大的，莫过于自卑。一个人一旦失去了自信，他便在交往中显得茫然不知所措，学校培养学生在交往中应该热情友好，以诚相待，不卑不亢，端庄而不过于矜持，谦逊而不矫饰作伪，要充分显示自己的自信心。只有树立完全的自信，才能完全放松，从而显得坦然自若，沉着镇定。

（三）学会人际交往的技巧和策略

人际交往能力的欠缺也是影响人际关系的原因之一。在人际交往中，语言的交流是其中一个重要的组成部分。部分大学生由于年轻气盛，在与人进行语言交流时总是滔滔不绝地说个不停，往往忽视了倾听对方的发言；与老师、学校领导、用人单位等交流时，若言语盛气凌人、不注意倾听，造成的后果及给人的印象将是不完美的。一般人在倾听时常常出现以下情况：①很容易打断对方讲话；②发出认同对方的声音。较佳的倾听却是完全没有声音，不能打断对方讲话，两眼注视对方，等到对方停止发言后，再发表自己的意见和看法。然而，最佳理想的情况是让对方不断地发言，你越保持倾听，就越握有控制权。

（四）不要过多计较别人的评论，不因一时一事评价人

每个人受到别人的评论是很正常的，不要轻信主观感受，不要浪费时间去揣测

别人对自己的态度。人家评论，不论是肯定的，还是否定的，都应看成是对自己的一种促进。同时也不应该以一时一事来评价一个人的好或坏，因为"借一斑而窥全貌"并不总是适合于所有人和事，个别和局部并不一定能反映全部和整体。在与人交往中应具有宽宏的胸怀，要有"让人不为丑，饶人不为痴"的大度大量，不为社交中细小矛盾纠缠而斤斤计较。

（五）学会控制自己的情绪

当你在一个陌生的环境里，可能紧张、羞怯时，就会引起机体强烈的焦虑，并处于高度紧张的自我防卫状态，使他人觉得你对他有一种不信任的感觉，这样就阻碍了彼此关系的发展。例如，部分新入学的同学，由于对周围的人和环境都缺乏了解，因而在相当长的一段时间内保持一种高度紧张的自我防卫状态，直到他们熟悉了周围的环境及同学，才真正比较放松，真正适应。学校教育就应该多创造一些学生交流和锻炼自己的机会，从而使他们能够镇定下来，早日融入集体生活。

第四节　大学生人际关系的改善

一、影响人际交往的因素

影响大学生人际交往的因素很多，如环境因素、生理因素、心理因素、时间因素等。在所有的因素中，心理因素是最根本的因素，是影响大学生人际交往的内因。归结起来，影响人际交往密切程度的因素主要有以下方面：

（一）外表的吸引力

在初次交往时，一个人如五官清秀，举止从容，风度优雅大方，衣着整洁得体，就会对他人产生很强的吸引力，这种第一印象的吸引力促使人们进一步接触，从而结成良好关系。正如亚里士多德所言："美貌比一封介绍信更具有推荐力。"心理学家布里斯林（Brislin）和李维斯（Lewis）研究表明：对方外貌的吸引力，与第二次是否与之约会的相关系数为 0.89。正是因为爱美是人的天性，美的外貌、风度能使人感到轻松愉快，这使得在人际交往中，人们往往无法消除由对方外表而形成的影响。因此，外表因素有形无形地左右了人际间相互关系的建立与发展。

（二）态度的相似性

在人际交往中，两个人对一件事的态度相似与否，可以在一定程度上决定他们的心理是否相容。若态度类似，则易于得到对方情感上的共鸣和行为上的支持，彼此较容易建立和谐的人际关系。俗语所说"物以类聚，人以群分"，正是这个道理。

心理学家纽科姆（Newcomb T. M.）曾做过一个实验，向大学生们免费提供住所 4 个月，经测试发现：大学生们起初的交往在很大程度上取决于空间距离，即同室的交往较多；但到后期，彼此之间态度、价值观和人格物质的相似程度，超过了空间距离，成为建立友谊的主要基础。可以说，"志同道合"是人际交往的基本心理条件。

（三）需要的互补性

需要的互补性是指双方在交往过程中获得互相满足的心理状态。当各自的需求与对方所具备的条件成为互补关系时，就能产生强烈的吸引。这是因为交往可以彼此弥补自身的不足，获得心理上的快感和满足。如主动型的人与被动型的人交往，彼此的需求动机都可以得以实现，即相得益彰，这种情况极易建立良好的人际关系。

（四）情感的相悦性

良好的人际关系的双方有一个最基本的条件，即是双方必然相互喜欢。正是因为双方在心理上都有接近和相互帮助的要求，才能减少摩擦事件与心理冲突。心理学研究发现，一般人相信他所喜欢的人也喜欢他，即所谓的"爱人者，人恒爱之"。在日常生活中可以看到，人们常常喜欢那些愿意接纳自己和喜欢自己的人，而排斥那些对自己吹毛求疵、挑剔和斥责的人。

（五）距离的远近

人与人之间地理位置越接近，越容易形成彼此之间的密切关系。这就是俗语所说的"远亲不如近邻"。美国心理学家费斯廷格（Festinger L）等人曾对住在同一楼房里的家庭彼此之间成为亲密朋友的情况进行了研究，结果表明：人们认为与隔壁邻居要比隔一个门的邻居更亲密一些。人们选择的朋友中，41%是隔壁邻居，而隔一个门的邻居只占 22%。其原因很简单，与隔壁邻居见面机会多，自然而然就容易建立人际交往关系。

（六）正面互动频率

人们彼此之间交往的频率越高，越容易形成较密切的关系，交往本身就可以产生人际吸引。因为交往次数越多，越容易形成共同的经验，有共同语言。例如，有一个实验将个性不同的大学生安排在同一宿舍里，结果发现，他们之间并没有因为个性差异而关系紧张。但是如果交往仅限于每次只是点点头、打声招呼，并不能形成深入持久的人际关系；要能维持与发展良好的人际关系还需要进行正面的互动，例如能够主动替别人着想，认真倾听别人的谈话，热情帮助他人等。

（七）个性因素

人的个性主要包括个性特点和个性倾向两方面。人的气质、能力和性格等是人的个性特点，而人的理想、信念、兴趣、价值观和抱负水平等则属于个性倾向。志趣相投者，一见如故，难舍难分，相反，则"话不投机半句多"，处处别扭。性格互补者，交往正常，持久不变。即使是个性特点不同，但个性倾向相同，彼此也能友好相处，甚至成为朋友。如脾气暴躁与脾气随和的人，由于观点或态度一致而结合在一起，工作起来也会配合默契。这种结合常常相互弥补，取长补短，使彼此的成就更高。因此，在交往过程中，既要注意人的个性特点的差异性，又要关心个性倾向的一致性。只有这样，才能更好地协调人际关系。

同时，性格本身也是引人注意与令人欣赏的重要条件。如果一个人品质端庄，待人真诚、热情，就会使人产生钦佩感、敬重感和亲切感，从而产生人际吸引力。帕里等人曾就友谊问题访问了 40000 多人。结果表明，吸引朋友的良好品质有信任、忠诚、热情、支持、帮助、幽默感、宽容等共 11 种，其中忠诚是友谊的灵魂与核心。

二、人际关系的改善

良好的人际交往和沟通能力不是与生俱来的，它需要在社会交往实践中学习、锻炼和提高。但如同其他事务一样，"没有规矩不成方圆"，大学生在交往过程中，也有其内在的规律性，即依据一定的交往原则。只有遵循了正确的交往原则才能建立起和谐的人际关系，才能在交往中掌握和创造更好的人际交往的艺术。

（一）掌握人际交往的原则

1. 正直原则

正直原则主要是指正确、健康的人际交往能力，营造互帮互学、团结友爱、和睦相处的人际关系氛围。绝不能搞拉帮结派，酒肉朋友，无原则、不健康的人际交往。

2. 平等原则

平等原则主要是指交往的双方人格上的平等，包括尊重他人和保持他人自我尊严两个方面。彼此尊重是友谊的基础，是两心相通的桥梁。交往必须平等，平等才能深交，这是人际交往成功的前提。社会主义人际关系的根本特征就是平等，这是社会进步的表现。贯彻平等原则，就是在交往中尊重别人的合法权益，尊重别人的感情。古人云："欲人之爱己也，必先爱人；爱人者，人恒爱之；敬人者，人恒敬之"。尊重不是单方面的，而是取决于双方，既要自尊，又要彼此尊重。

3. 诚信原则

诚信原则指在人际交往中，以诚相待，信守诺言。在与人交往时，一方面要真诚待人，既不当面奉承人，也不在背后诽谤人，要做到肝胆相照，襟怀坦荡。另一方面，言必行，行必果，承诺的事情要尽量做到，这样才能赢得别人的拥戴，彼此建立深厚的友谊。马克思曾经把真诚、理智的友谊赞誉为"人生的无价之宝"。古人也说，"精诚所至，金石为开"，"心诚则灵"。诚是换取友谊的钥匙。日本著名作家池田大作写道："只有抛掉虚伪，以诚相见的人际关系，才是最有力、最美好、最崇高的"。

4. 宽容原则

宽容原则在与人相处时，应当严于律己，宽容待人，接受对方的差异。俗话说，"金无足赤，人无完人"。交往中，对别人要有宽容之心，如"眼睛里容不得一粒沙子"般斤斤计较，苛刻待人，或者得理不让人，最终将会成为孤家寡人。另外，要有宽容之心，还须以诚换诚，以情换情，以心换心，善于站在对方的角度去理解对方，这样人际关系才能柳暗花明，豁然开朗。

5. 换位原则

换位原则在交往中，要善于从对方的角度认知对方的思想观念和处事方式，设身处地地体会对方的情感和发现对方处理问题的独特个性方式等，从而真正理解对方，找到最恰当的沟通和解决问题的方法。

6. 互补互助原则

互补互助原则这个原则是大学生人际关系处理的一种心理需要，也是人际交往的一项基本原则。因为大学生在经济生活上还没有独立，依然处在以学为主的学生时代，因此互补性原则主要体现在精神领域。我们常发现不同气质、性格和能力的人能够相处配合得较好，而能力非常强的两个人倒并不一定配合相处得很好。所以"尺有所短，寸有所长"，在交往过程中要勇于吸收他人的常处，以弥补自己的不足。

（二）掌握人际交往的技巧

1. 善于结交

在人际交往中，结交的过程一般要经历彼此注意、初步解除和亲密接触三个阶段。善于结交是指能够巧妙地引起对方注意，并主动制造机会，自然地与对方进行初步接触，进而保持进一步接触的过程。

2. 善于表达

常言道：与君一席话，胜读十年书。谈话是沟通信息、获得间接经验的好形式，也是表达感情、增进友谊的重要手段。善于表达，要求表达的内容要清楚明确，表达的方式要恰当、幽默和风趣，使对方感到轻松愉快。

3. 善于倾听

倾听的目的一方面是给对方创造表达的机会，另一方面是使自己能更好地了解对方，以便进一步与其交往和沟通。提高倾听的艺术，首先要静听他人的谈话，不要贸然打断对方的话题，也不要时时插话，影响对方的谈话思路，或没弄清谈话的内容就断然下结论。其次，要鼓励对方讲下去，可以用简单的赞同、复述、评论接话等方法引导他人讲下去。另外，不要做无关的动作，如心不在焉、东张西望、爱听不听、不甚耐烦、不时看表、目光游离不定等动作。这些动作既影响了对方讲话的兴致，也是一种非常无礼的行为。

4. 善于处理矛盾

在人与人的交往过程中，难免会产生各式各样的矛盾，善于打破僵局，或者能够做到大事化小，小事化了，就能保持良好的人际关系，创造深入交往的氛围。

【案例】

小李、小张、小王、小赵是某外语学院的大二学生，同在一个宿舍生活。小李、小张和小王不久就成了好朋友，大家在一起交流，一起出去玩。小赵由于性格比较内向，经常独来独往，不愿与同寝室同学交流，也不参与寝室同学对一些社会现象的讨论，加之生活习惯的差异，久而久之就与其他三位同学出现了交往障碍。一次小李在寝室丢了东西，于是就向其他三位同学问询是否看到她丢失的东西。当问到小赵时，小赵就产生了猜疑，怀疑是针对她的。于是与寝室同学的关系更加紧张。

小赵与寝室同学出现这种人际交往障碍既影响了自身的心理健康，也影响了同寝室的和谐氛围。形成这种状况的原因，就是在于小赵的猜疑。

这是典型的大学生友谊受挫的案例。因生活、学习、工作中的一些小事而导致同学之间友谊的破裂，在大学生活中很常见。这方面的问题主要是体现在寝室的人际关系上，在女生居多的外语学院就显得更为突出。之所以出现这种现象，主要是有以下方面的原因：

从高中到大学，随着人际交往范围的不断扩大，生理和社会方面的急剧变化使大学生心理发展具有迅速、不稳定、不平衡的特点。情绪不稳定，从一个极端走到另一个极端。情绪往往具有封闭性，不愿向别人敞开心扉，有保留自己秘密的需求。还有一个重要因素就是女生情感细腻、羞涩、依赖性强，面对学习竞争中的压力，面对失意等感情失落，面对复杂的人际关系，大学女生或多或少地产生孤独感、无助感、情绪抑郁等心理不适。如此案例中的小赵对室友的不满，对室友的怀疑都是不良情绪的表现。

社会心理学研究表明，人际关系处理很好的人一般具有以下特点：乐观、聪明、有个性、独立性强、坦诚、幽默、能为他人着想、充满活力等。而那些在人际交往中不太受欢迎的人具有以下特点：自私、心眼小、斤斤计较、孤傲、依赖性强、以自我为中心、虚伪、自卑、没有个性等。因此我们可从以下方面去建立良好的人际关系。首先，正确认知、增强自信；其次，主动大胆，积极参与；再次，以诚相待，热情待人。在人际交往中互相尊重，相互理解，接纳他人，换位思考，完善自己。

最后，优化性格，宽以待人。如果我们能做到这几点，相信我们的人际关系会得到很大的改善和提高。

【案例】

冷××同学，是班上的团支书，她曾经多次获国家励志奖学金、四川外语学院成都学院十佳奖学金，在大学四年里不仅成绩优异，而且也能与同学融洽相处。一次班上同寝室的同学因为生活琐事发生口角，并通过网络相互谩骂，使矛盾进一步升级。当冷××同学知道此事后，主动与老师联系并积极疏导化解矛盾，她站在公正的立场上给同学进行了分析，经过多次沟通与交流，发生矛盾的同学认识到自己的错误，矛盾得以化解。从她的成长过程我们可以看到，她之所以在大学期间能得到同学们的支持和信任，是因为她身上具有了性格开朗、善于沟通、明辨是非等良好品质。

从某个角度上来说，良好的人际关系应是个体在与人交往的过程中，用诚实，宽容和谅解的原则，树立自我良好形象，形成集体中融洽的关系，并积极向外拓展自己的交际面，不断赢得他人和社会的赞誉，辅助人生走向成功的最佳手段。

【学习与思考】

1. 什么是人际关系？影响人际关系的因素有哪些？

2. 人际关系有哪几种类型？建立良好人际关系的方法与技巧有哪些？

3. 分析自己与同寝室同学之间的人际关系的现状，说明其在学习、生活中的重要性，认真考虑该如何改善现状？

第八章　大学生的情绪与心理健康

一位大一新生这样描绘他刚入学时的感受："各种比赛、竞选工作引诱着我们去展现自己的风采，我也曾不甘示弱地去参赛，可真正到了赛场上才发现原来自己真的一无所长，徒有热情。大学里人才荟萃，群星灿烂，自己平凡得'无话可说'，我这才明白冰心那句话'墙角的花，你孤芳自赏时，天地便小了'的真正含义。一度，我曾黯然失落，焦虑不安，失败感汹涌澎湃地涌来，将我围得水泄不通，然而，生活自理能力、与人相处能力、解决问题能力接踵而至，劈头盖脸地向我袭来……后来心神不宁、忧郁紧张、辗转难眠就悄无声息地闯入我的生活。"情绪在我们的生活中无处不在，怎么让我们的情绪反应适度、控制得当，正性作用强，这正是本章学习的目的。

第一节　了　解　情　绪

设想一下，假如你可以思考和活动，却没有感觉，生活将会怎样？

关于情绪的定义，历史一直存在众多的争论。人们通常以愤怒、悲伤、恐惧、快乐、爱、惊讶、厌恶、羞耻等反应来说明情绪（emotion）。法国哲学家笛卡尔（René Descartes）认为，人有惊奇、爱悦、憎恶、欲望、欢乐和悲哀等六种原始情绪，其他情绪都是它们的分支或组合。在近现代，我国心理学家林传鼎将人的情绪表现归纳为安静、喜悦、愤怒、哀怜、悲恸、忧愁、愤急、烦恼、恐惧、惊骇、恭敬、抚爱、憎恶、贪欲、嫉妒、傲慢、惭愧、耻辱等18种。情绪总是同人的需要和动机有着密切的关系，如人的某种需要得到满足或目的没有达到时，他将会产生愉快或者难过等感受。因此，一般意义上讲，情绪是指人们在内心活动过程中所产生的心理体验，或者说，是人们在心理活动中对客观事物的态度体验，是人脑对客观事物与人的需要之间的关系的反映。以下为普拉切克的情绪三维模式图。

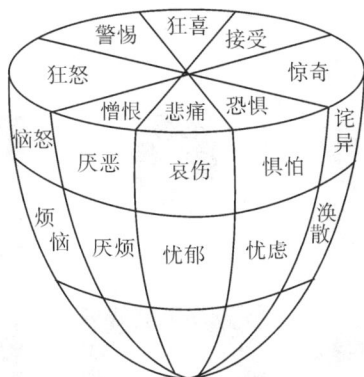

普拉切克的情绪三维模式图

在不同的情绪状态下，人生理上的心律、血压、呼吸乃至人的内分泌、消化系统等，都会发生相应的变化。例如，人在平静时每分钟一般呼吸 20 次，愤怒时每分钟可呼吸 40～50 次；突然惊惧时，人的呼吸会临时中断，狂喜或悲恸时会有呼吸痉挛产生；人在焦虑状态下，会感到呼吸急促、心跳加快。人在恐惧状态下，则会出现身体战栗、瞳孔放大；而在愤怒状态下，则会出现汗腺的分泌增加、面红耳赤等生理特征。这些变化都是受人的自主神经支配的，是不由人的意识所控制的。因此，情绪状态下的这些变化，具有极大的不随意性和不可控制性。例如，当我们遇到考试失利、情感挫折、学习上的压力时，不可避免地会出现一些情绪上的反应，即使你心理上再不愿意，甚至去控制，情绪也会出现。

情绪不仅体现为生理上的反应和内心的体验，而且还以面部表情、声态表情和体态表情等外在形式表现出来。面部表情最直接反映着人的情绪状态，人们可通过一个人的面部表情变化了解其情绪状态。例如，当自己所希望的球队获胜时，人们会不由自主地喜笑颜开；当遇到困难和挫折时，会愁容满面。体态表情同样反映着一个人的情绪状态，例如，在期末考试过后，我们可通过考生们的坐立不安、手舞足蹈和垂头丧气看出他们此时此刻的情绪状态和面临的境地。声态表情则是指人们在交流时，声调、音色和声音节奏等方面的变化。如，一个人悲伤时，语调低沉，言语缓慢，语言断断续续；而当人兴奋时则会语调高昂、语速加快，声音抑扬顿挫，清晰有力。

Paul Ekman 提出不同文化下面部表情都有共通性。他一开始研究西方人和新几内亚原始部落居民的面部表情。他要求受访者辨认各种面部表情的图片，并且要用面部表情来传达自己所认定的情绪状态，结果他发现某些基本情绪（快乐、悲伤、愤怒、厌恶、惊讶和恐惧）的表达在两种文化中都很雷同。在四十年研究生涯中，他研究过新几内亚部落民族、精神分裂病人、间谍、连续杀人犯和职业杀手的面容。联邦调查局、中央情报局、警方、反恐怖小组等政府机构，甚至动画工作室也常常请他当情绪表情的顾问。

你能读出下面这些表情吗？

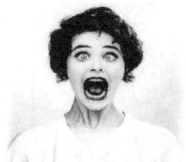

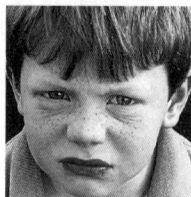

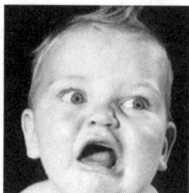

有的西方人相信通过人的面部表情能够观察出一个人的情绪和性格，如"诚实的眼睛"，"狡黠的眼睛"，"坦诚的脸"，"性感的嘴唇"等。当你和"神秘莫测的中国人"进行交流时，这种方法丝毫不起作用。因为中国人会刻意不让自己的情绪流露出来。为什么中国人会隐藏自己的情绪呢？主要是因为对中国人而言，社交的主要价值是保持和谐，而不是展现个性。在传统的中国社会，最基本的单位是大家庭，而不是个人。众多家庭成员临近地居住在一起，保持和睦至关重要。如果一个人不特别注意控制个人情绪，那么很可能会引起不快。

人的情绪不会无缘无故地产生，必然有其发生的情境。正如人们所说，人逢喜事精神爽，当人们学业成功、身处优美的环境，都可让人随之产生愉快的心情；反之，人际的冲突、学习的压力、生活中的挫折，甚至恶劣的气候，也会让人感到烦躁和抑郁。除了外在的环境和事件会直接引起情绪变化外，人的自身生理的和心理的反应也同样会引起情绪的变化。例如，人在青春期阶段，由于身体上的急剧变化，引起内分泌的紊乱，并由此造成情绪上的躁动，如女生因为月经周期带来生理上的变化，容易导致情绪的不稳定。

一名大学生，在漂亮的异性同学面前常会感到紧张和羞怯，有时还会面红耳赤。为此，他感到自责和困扰。人的情绪为什么有时候难以自制？情绪产生与变化的背后，实际反映着我们的需要。例如当得到他人称赞时，满足了自己的自尊和成就的需要，从而感到一种荣誉感和喜悦感；相反，当自己受到他人的冷落时，就会产生失落感和孤独感，因为自己的被接纳和亲情的需要没有得到满足。在大学的学习和生活过程，也是大学生追求和实现自身各种需要的过程。大学生的需要是多样化的，如完成学业、培养能力、发展自我、追求爱情，还有娱乐、健康、实现兴趣的需要等。这些需要是多层次的，有些是眼前的需要，有些是长远的需要，需要之间还相互矛盾。实现和满足这些需要，会受到各种条件的局限与制约，必然会引起情绪上的波动。

　　情绪虽然是与客观事物是否满足人的需要相联系，但是面对同样的事物，不同的人却会有截然不同的情绪感受。比如同一门考试中，成绩刚刚及格的学生对此却有着不同的感受：有的人庆幸，好歹及格了；有的人惋惜，怎么没考得更高一些；有的人会感到无地自容，因为他从小到大从没得过这么低的分。为什么会如此，这是因为认知的作用。心理学研究表明，人们只有通过认知对客观事物与需要的满足做出判断与评价，才会产生相关联的情绪反应。认知改变了，情绪也相应发生了变化。

　　行为是人的情绪的重要表现形式，一个人的情绪状态会导致人产生或消除导致行为的动机，并直接影响到人的行为模式及过程和效果。例如，一个学生因取得优异的成绩而产生的成就感，使得他对学习更加努力；而一个学生过度的焦虑情绪，会使他感到心烦意乱，而无法专心学习；对考试的过度恐惧感，也会使人在考试中发挥失常。情绪对行为起着一定的调节作用，当人在做能满足自己需要的行为时，就会感到一种欣慰和充满热情的情绪感受，它会使自己的行为得到加强；而当某一行为破坏或阻碍了自己的某一种需要时，就会产生厌烦、排斥的情绪感受，它同样会使行为减少或停止。可见，情绪与行为的关系并非是单一的决定与被决定的关系。

第二节　情绪与情感的区别与联系

　　一般来讲，情绪是由刺激、认知、主观体验和行为反应等方面组成的反应过程。除了情绪外，在心理学中还经常使用情感这一概念。通常情况下，情绪是比较短而激动的状态，如恐惧、愤怒；而情感是比较持久、稳定的，如自豪感、责任感。

　　情绪和情感都是对需要满足状况的心理反应，是属同一类而不同层次的心理体验，是既有区别又紧密联系的两个概念。

一、情绪和情感的区别

1. 情绪的生理性和情感的社会性

　　情绪更多的是与生理需要满足与否相联系的心理活动，而情感则是与社会性需要满足与否相联系的心理活动。如在饥饿时有食物吃就会很高兴，这是一种情绪反应，而不能说他产生了热爱食物的情感。

2. 就人类个体而言，情绪发展在先，情感体验产生于后

　　情感是在社会接触过程中逐渐产生的，如婴儿对母亲的依恋是在不断受到母亲

爱抚、关怀的过程中产生出愉快的情绪体验而逐渐培养起来的。

3．与情感相比，情绪不稳定

情绪会随着情境的改变以及需要满足情况的变化而发生相应的改变。情感具有较强的稳定性、深刻性和持久性。

4．情绪表现的外显性和情感表现的内在性

情绪表现有明显的冲动性和外部特征，面部表情是情绪的主要表现形式，而情感多以内在感受、体验的形式存在。人们高兴时手舞足蹈，愤怒时咬牙切齿，这些都是情绪的外部表现，而爱国主义情感是一种内心体验，虽不轻易表露，但对行为有重要的调节作用。

二、情绪和情感的联系

情绪与情感的区别是相对的，虽然它们所表达的主观体验的内容有所不同，但往往在强烈的情绪反应中也有稳定的主观体验，而情感也多通过情绪反应表现出来。情绪和情感彼此之间具有密切的联系。

1．情绪是情感的基础，情感离不开情绪

这表现在：

（1）情感是在情绪的稳定固着基础上发展建立起来的；

（2）情感通过情绪的形式表达出来。

2．对人类而言，情绪离不开情感，是情感的具体表现

情感的深度决定着情绪表现的强度，情感的性质决定了在一定情境下情绪表现的形式。情绪发生过程中往往深含着情感因素。

中国古代大量的诗歌作品，常常伴随着情感的抒发来描写人物的各种情绪。有的挖掘人物的内心体验，如悲伤、痛苦、焦虑、宽慰、厌恶、欣喜等；有的描述人物的心理状态，如震惊、惧怕、羡慕、嫉妒、兴奋、内疚等；有的揭示人物的心灵反应，如埋怨、不满、愤怒、痛恨、企盼、失望等。你可以将左边的诗句和右边的描述内心体验和感受的词语正确连线吗？

结庐在人境，而无车马喧	企盼、凄苦
千呼万唤始出来，犹抱琵琶半遮面	失望、不满、悲愤
凭谁问，廉颇老矣，尚能饭否？	羞涩、迟疑、矛盾
行宫见月伤心色，夜雨闻铃肠断声	愉悦、恬淡、闲适、平和
记得绿罗裙，处处怜芳草。	孤独、悲切、哀痛、悲戚

第三节 情绪和情感的作用

情绪和情感作为人类反映客观世界的一种形式，是人类心理的重要组成部分，对人类的现实生活和精神生活各方面都有重要的作用。

一、适应功能

情绪的适应功能从根本上说是服务于改善和完善人的生存和生活条件的。无论是儿童或成人，通过快乐表示情况良好；通过痛苦表示急需改善的不良处境；通过悲伤和忧郁表示无奈和无助；通过愤怒表示行将进行反抗的主动倾向。同时，由于人生活在高度人文化的社会里，情绪的适应功能的形式有了很大的变化，例如，人用微笑向对方表示友好，通过移情和同情来维护人际联结等，情绪起着促进社会亲和力的作用。但是人们也看到，在个人之间和社会上挑起事端引起的情绪对立，有着极大的破坏作用。总之，各种情绪的发生，时刻在提醒着个人和社会去了解自身或他人的处境和状态，以求得良好的适应。社会有责任去洞察人们的情绪状态，从总体上作出规划，去适应人类本身和社会的发展。

二、动机作用

人的各种需要是行为动机产生的基础和主要来源，而情绪和情感是需要是否得到满足的主观体验，它们能激励人的行为，改变行为效率。积极的情绪可以提高行为效率，起正向推动作用，消极的情绪则会干扰、阻碍人的行动，甚至引发不良行为，起反向的推动作用。研究发现，适度的情绪兴奋性会使人的身心处于最佳活动状态，能促进主体积极地活动，从而增进行为的效率。一定的情绪紧张度有利于行为的进行，过于松弛或过于紧张对行为的进程和问题的解决不利。因此，情绪的一个重要功能是激励你前进，促使你向重要的目标迈进。然而你必须注意，不能让自己的情绪过于强烈。

三、组织作用

情绪和情感这种特殊的心理活动，对其他心理过程而言是一种监测系统，是心理活动的组织者。积极的情绪和情感具有调节和组织作用，消极的情绪和情感则有干扰、破坏作用。

1. 促成知觉选择

知觉具有选择性，情绪的偏好是影响知觉选择性的因素之一。比如，婴儿喜欢红、黄色，他们多数选择红、黄色的物品，对其他的颜色却很少注意。

2．监视信息的移动

对信息的监视实际上是注意的过程，但情绪和情感对维持稳定的注意起着重要作用。人们对有兴趣、好奇的信息监视准确，而往往忽视自己厌恶、不感兴趣的信息。

3．影响认知功能

情绪对认知功能的影响表现在你的注意力、你对自我和他人的知觉以及你解释和记忆各种生活情境的特征上。研究者已经证明，情绪状态可以影响学习、记忆、社会判断和创造力。情绪反应在你对生活经历进行组织和分类时起着重要作用。鲍维尔的研究表明，当人处在良好的情绪状态时，更容易回忆那些带有愉快情绪色彩的材料；如果识记材料在某种情绪状态下被记忆，那么在同样的情绪状态下，这些材料更容易被回忆出来。这说明情绪具有一种干预记忆效果的作用，使记忆的内容根据情绪性质进行归类。

4．影响行为活动

情绪的组织功能还表现在影响人的行为上。人们的行为常被当时的情绪所支配。当人处在积极、乐观的情绪状态时，倾向于注意事物美好的一面，态度和善，乐于助人，并勇于承担重担。而消极情绪状态则使人产生悲观意识，失去希望与渴求，也更易产生攻击性。

5．影响思维活动

情绪和情感对人的思维活动的影响也是十分明显的。过于亲近和喜欢的容易偏听、偏信，过度兴奋的情绪状态也会影响思维的进程和方向。"感时花溅泪，恨别鸟惊心"是情绪影响思维的写照。

第四节　心境、激情和应激

人的一切心理活动都带有情绪色彩，而且以不同的心情、激动和紧张状态表现出来。情绪状态是指在某种事件或情境影响下，人在一定时间里表现出的一定的情绪。最典型的情绪状态有心境、激情和应激。

一、心境

心境是一种深入的、比较微弱而持久的情绪状态，如得意、忧虑、焦虑等。

心境具有弥散性和长期性。心境的弥散性是指当人具有了某种心境时，这种心境表现出的态度体验会朝向周围的一切事物。一个在单位受到表彰的人，觉得心情愉快，回到家里同家人谈笑风生，遇到邻居笑脸相迎，走在路上也会觉得天高气爽；而当他心情郁闷时，在单位、在家里都会情绪低落，无精打采，甚至会"对花落泪，对月伤情"。古语中说人们对同一种事物，"忧者见之而忧，喜者见之而喜"，这也是心境弥散性的表现。心境的长期性是指心境产生后要在相当长的时间内主导人的情绪表现。虽然基本情绪具有情境性，但心境中的喜悦、悲伤、生气、害怕却要维持一段较长的时间，有时甚至成为人一生的主导心境。如有的人一生历尽坎坷，却总是豁达、开朗，以乐观的心境去面对生活；有的人总觉得命运对自己不公平，或觉得别人都对自己不友好，结果总是保持着抑郁愁闷的心境。

心境持续的时间可以是几小时、几周、几个月，甚至更长的时间，差别甚大。某种心境的持续时间依赖于引起这种心境的客观环境和个体的个性特点。事件越重大，引起的心境越持久，如失去至亲往往使人长时间地沉浸在悲伤和郁闷的心情中。一般来说，性格开朗、灵活的人受不良心境影响的时间少些；性格内向、沉闷的人，心境持续时间可能长些。

二、激情

激情是一种迅速强烈地爆发而时间短暂的情绪状态，如狂喜、绝望、暴怒等。在激情爆发时，常常会伴有明显的外部表现，如咬牙切齿、面红耳赤、顿足捶胸、拍案叫骂等。有时候甚至会出现痉挛性的动作或者言语混乱。激情的发生主要是由生活中具有重要意义的事件引起的。此外，过度的抑制和兴奋，或者相互对立的意向或愿望的冲突也容易引起激情的状态。激情有积极与消极之分，积极的激情合成为激发人正确行动的巨大动力，而消极的激情常常对机体活动具有抑制的作用，或者引起过分的冲动，作出不适当的行为。然而，控制激情是完全可能的，在激情发生的最初阶段有意识地加以控制，能将危害性减轻到最低限度。

【链接】　药家鑫"激情杀人案"

备受关注的药家鑫故意杀人案，于3月23日上午在西安市中级人民法院开庭审理，律师在庭审中提出的"激情杀人"之辩成为舆论关注焦点。网络上几乎一边倒地谴责律师，很多网民认为，"激情杀人"是为被告人开脱罪责的借口，甚至有不少人认为此抗辩是杜撰的名词。

其实，"激情杀人"是刑法理论上激情犯罪的一种。故意杀人根据主观恶性的不同，实践中往往对情节较轻的几类犯罪从轻或减轻量刑，如防卫过当的故意杀人、基于义愤的杀人、被害人刺激下的激情杀人、受被害人请求的杀人等。激情杀人，是指本无任何杀人故意，但在被害人的刺激、挑逗下而失去理智，失控而将他人杀死。激情杀人也是故意杀人，只是在主观上由于情绪的影响，引起认识的局限和行为的控制力上减弱，对于行为的性质、后果缺乏必要的考虑而产生突发性犯罪。与有预谋的故意犯罪不同，行为人没有长时间的犯罪预谋，没有预先确定的犯罪动机，也没有事先选择好的犯罪目的，主观恶性不如有预谋的故意杀人大。

激情杀人必须具备以下条件：一是必须是因被害人严重过错而引起行为人的情绪强烈波动；二是行为人在精神上受到强烈刺激，一时失去理智，丧失或减弱了自己的辨认能力和自我控制能力；三是必须是在激愤的精神状态下当场实施，激情状态与实行行为之间无间隔的冷静期。

"激情杀人"在国外刑法中有很多的立法例，但在我国刑法中并无明确的规定。那么，"激情杀人"是否存在？答案又是肯定的。我国司法实践中往往把基于被害人过错而在突发情形下的"大义灭亲"以及被害人主动挑衅、挑拨而造成的情急之下杀人归入"激情杀人"，并按照"情节较轻"而处三年以上十年以下有期徒刑。药家鑫一案是否属于"激情杀人"呢？应该说，这本来只是一起交通事故或者最多算是肇事案件，被害人在受伤后记下车牌号码，本身无任何过错，也未刺激药家鑫。国外刑法有规定"激情犯罪"的，也基本上以受害人存在不法行为为前提，激愤完全是由被害人的不法行为引发的。但本案中，被告人药家鑫的杀人行为则不是因为被害人过错引起，而属于一种灭口式的故意杀人。当然，律师的职责就是根据事实和法律，提出证明犯罪嫌疑人、被告人无罪、罪轻或者减轻、免除其刑事责任的材料和意见，维护犯罪嫌疑人、被告人的合法权益。从司法层面看，律师从被告人利益出发提出"激情杀人"辩护意见并无不妥，其辩护权应当得到保障，法院是否采纳辩护意见则是另一个问题。

三、应激

应激是指在出乎意料的情况下所引起的情绪状态。例如，人们遇到突然发生的火灾、水灾、地震等自然灾害时，刹那间人的身心都会处于高度紧张状态之中。此时的情绪体验，就是应激状态。

在应激状态中，要求人们迅速地判断情况，瞬间作出选择，同时还会引起机体一系列的明显的生理变化。比如心跳、血压、呼吸、腺体活动以及紧张度等都会发生变化。适当的应激状态，使人处于警觉状态之中，并通过神经内分泌系统的调节，使内脏器官、肌肉、骨骼系统的生理、生化过程加强，并促使机体能量的释放，提高活动效能。而过度的或者长期地处于应激状态之中，会过多地消耗掉身体的能量，以致引起疾病和导致死亡。

人在应激状态时，一般会出现两种不同的表现：一种是情急生智，沉着镇定；

另一种是手足无措，呆若木鸡。有些人甚至会发生临时性休克等症状。在应激状态下，人们会出现何种行为反应是与每个人的个性特征、知识经验以及意志品质等密切相关的。

第五节　大学生的情绪

一、大学生情绪的特点

大学时期是青年人心理成熟的重要时期，也是情绪丰富多变、相对不稳定的时期。随着社会地位、知识素养的提高以及所处特定年龄阶段的影响，大学生的情绪带有鲜明的特征。具体表现在以下方面：

（一）丰富性和复杂性

从生理发展阶段来看，大学生正处于多梦的年龄阶段，几乎人类所具有的各种情绪都可在大学生身上体现出来，并且各类情绪的强度不一，例如有悲哀、遗憾、失望、难过、悲伤、哀痛、绝望；从自我意识的发展来看，大学生表现出较多的自我体验、自我尊重的需要强烈，易产生自卑、自负等情绪体验；从社交方面来看，大学生的交际范围日益扩大，与同学、朋友及师长之间的交往更细腻、更复杂，有的大学生还开始体验一种更突出的情感——恋爱，而恋爱活动往往又伴随着深刻的情绪体验，这种特殊的体验对大学生有十分重要的影响。在情绪体验的内容上，大学生的情绪呈现出相当丰富多彩的特征，以惧怕的情绪来说，大学生所怕的事物主要与社会的、文化的、想象的、抽象复杂的事物和情势有关，诸如怕考试、怕陌生人、怕惩罚、怕寂寞等。

（二）波动性和两极性

大学时期是人生面临多种选择的时期，学习、交友、恋爱等人生大事基本在这一阶段完成，这些事件都会对大学生的情绪产生影响。尽管大学生的认识水平有了一定的提高，对自己的情绪已有了一定的控制能力，情绪亦趋于稳定，但同成年人相比，大学生相对敏感，情绪带有明显的波动性，一句善意的话语，一个感人的故事，一支动听的歌曲，一首情理交融的诗歌，都可以致使情绪发生骤然变化。特别是在社会转型过程中，社会的变迁、体制的变革、新的与旧的价值观的更替、种种复杂的社会现象更容易使大学生产生困惑和迷茫，产生情绪的困扰与波动。

同时，由于大学生正处于情绪表现的"动荡"时期，自我认知、生涯发展及心理发展还未成熟等原因，他们的情绪起伏较大，带有明显的两极化特征：胜利时得意忘形，挫折时垂头丧气；喜欢时花草皆笑，悲伤时草木流泪。情绪的反应摇摆不定，跌宕起伏。有人对大学生进行调查，结果发现 70% 的情绪都是经常两极波动的，也就是像"波动曲线一样，忽高忽低，忽愉快忽愁闷"。

（三）情绪的冲动性与爆发性

心理学家霍尔认为青年期处于"蒙昧时代"向"文明时代"演化的过滤期，其特点是动摇的、起伏的，他把这一时期称为"狂风暴雨"时期。由于知识水平和认知能力的提高，大学生对自己的情绪能够有所控制，但由于他们兴趣广泛，对外界事物较为敏感，加之年轻气盛和从众心理，因而在许多情况下，其情绪易被激发，犹如急风暴雨，不计后果，带有很大的冲动性。他们往往对符合自己信念、观点和理想的事件或行为迅速发生热烈的情绪；对于不符合自己信念、观点和理想的事件或行为，则迅速出现否定情绪。个别的甚至会盲目的狂热，而一旦遇到挫折或失败又会灰心丧气，情绪来得快，平息也快。

大学生情绪的冲动性常常与爆发性相连。大学生的自制力较弱，一旦出现某种外部强烈的刺激，情绪便会突然爆发，借助于冲动的力量驱使，以至于在语言、神态及动作等方面失去理智的控制，忘却了其他任何事物的存在，极易产生破坏性的行为和后果。

（四）阶段性和层次性

大学阶段由于不同年级培养目标和培养重点不同，教育方式和课程设置有所区别，各个年级面临的问题不同，大学生的情绪特点也不同，呈现出阶段性和层次性特点。大学新生所面临的是环境适应、学习方法的改变、新的交往对象熟悉了解以及新的目标确立等问题。新生的自豪感和自卑感混杂，放松感和压力感并存，新鲜感和恋旧感交替，情绪波动大。经过了一年级的适应过程，二三年级能够融于校园生活中，情绪较为稳定。毕业班学生面临毕业论文（毕业设计）及择业等多方面的重大问题，压力大，情绪波动大，消极情绪多。另外，由于社会、家庭及自身要求、期望不同，能力、心理素质的差别，大学生也体现出不同的情绪状态。

（五）外显性与内隐性

大学生对外界的刺激反应迅速敏感，喜、怒、哀、乐常形于色，比起成年人外露和直接。一般而言，大学生的很多情绪是一眼就能看出的，如考试第一名或赢得一场球赛，马上就能喜形于色。但由于自制力的逐渐增强，以及思维的独立性和自尊心的发展，他们的情绪的外在表现和内心体验并不总是一致的，在某些场合和特定问题上，有些大学生会隐藏或抑制自己的真实情感，有时会表现出内隐、含蓄的特点。例如对学习、交友、恋爱和择业等具体问题，他们往往深藏不露，具有很大的内隐性。另外，随着大学生社会化的逐渐完成与心理逐渐成熟，他们能够根据特有条件、规范或目标来表达自己的情绪，使得自己的外部表情与内部体验不一致。例如有的学生对异性萌生了爱慕之情，往往留给对方的印象却是贬低、冷落人家。

二、大学生情绪健康的标准

（一）心理学家瑞尼斯等人提出情绪健康的六项指标

（1）发展出某些技巧以应付挫折情境；

（2）能重新解释与接纳自己与情绪的关系，不会一直自我防卫，能避免挫折并安排替代的目标；

（3）知觉某些情境会引起挫折，可以避开并找寻替代目标，以获得情绪满足；

（4）能找出方法，缓解生活中的不愉快；

（5）能认清各种防卫机制的功能，包括幻想、退化、反抗、投射、合理化、补偿，避免成为错误的习惯，以致防卫过度，造成情绪困扰；

（6）能寻求专家的帮助。

（二）心理学家索尔指出情绪健康的八个特点

（1）独立，不依赖父母；

（2）增强责任感及工作能力，减少与外界接纳的渴望；

（3）去除自卑情结、个人主义及竞争心理；

（4）适度的社会化与教化，能与人合作，并符合个人良心；

（5）成熟的性态度，能组织幸福家庭；

（6）培养适应，避免敌意与攻击；

（7）对现实有正确的了解；

（8）具有弹性以及适应力。

三、情绪对大学生的影响

（一）情绪对大学生健康的影响

根据现代生理学、心理学和医学的研究成果表明，情绪对人的身心健康具有直接影响。若能保持愉快的心境，为人开朗乐观、积极向上，则人体免疫功能活跃旺盛，可以减少患病的机会，有益健康。不仅如此，良好的情绪不仅使大学生对生活充满希望，对自己满怀自信，而且能够使他们的求知欲增强、思维敏捷、富于创造力、爱好广泛、建立良好的人际关系，促进他们的全方位发展。

与此相反，消极的情绪对人的身心健康危害极大，在压抑、紧张、焦虑、恐惧等消极情绪的长期作用下，人的免疫能力下降，容易患各种传染性疾病，内脏功能也会受到伤害。许多研究表明，消极情绪是健康的大敌。突然而强烈的紧张情绪会抑制大脑皮层高度心智活动，破坏大脑皮层的兴奋和抑制的平衡，使人的意识范围狭窄，判断力减弱，失去理智和自制力。调查发现，大学生中常见的消化性溃疡、紧张性头痛和偏头痛、心律失常、月经失调、神经性皮炎等，都与消极情绪有关。

（二）情绪对大学生学习的影响

情绪不仅与大学生的身心健康有关，而且与大学生的潜能开发、工作效率有关。良好的情绪情感往往使大学生乐于行动，有兴趣学习、工作和活动，有助于开阔思路，注意力集中，富有创造性。研究发现，精神愉快、心情舒畅、紧张而轻松是思考和创造的最佳状态，能有效地进行智力活动。

心理学家用实验方法研究情绪与学习成绩的关系时，通常将焦虑程度与学习成绩分别作为自变量和因变量，然后采用自我评定法和生理反应法来研究它们之间的函数关系。研究结果表明，焦虑程度与学习成绩的关系呈倒 U 字。

适度的焦虑能使大学生取得最好的学习效率，焦虑程度过高或过低，均难以取得优异的学习成绩。在生活中常有这种现象：有的大学生在考试时过分紧张，结果出现"晕场"现象；反之，有的学生对考试采取不以为然的态度，考试成绩也不高。

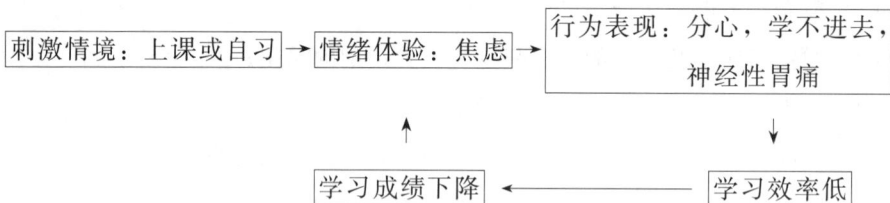

刺激情境：上课或自习 → 情绪体验：焦虑 → 行为表现：分心，学不进去，神经性胃痛

学习成绩下降 ← 学习效率低

（三）情绪对大学生人际关系的影响

具有良好情绪特征的人，例如乐观、热情、自尊、自信是人际间产生相互吸引的重要条件，能彼此缩短心理距离、情感融洽。而自卑、情绪压抑、爱发怒的人，往往不能与他人正常相处，难沟通，使人与人之间疏远。

由于情绪具有感染性与传染性，因此良好的情绪、积极而稳定适度的情绪反应、正性情绪大于负性情绪的人，在人群中更受欢迎，更容易获得别人的赞赏，容易形成良好的人际关系。一位大学生这样形容宿舍另一位同学：他的情绪正如六月的天，喜怒无常，无法把握，与他相处，有些如履薄冰，我们时刻要受他情绪的支配与感染。我们认为：他没有用坏情绪影响我们好心情的权利，因而我们选择逃避，尽量少与他交往。

与此同时，大学生在人际交往中注重提高自身修养，学会适度控制与调适自己的情绪，做情绪的主人，才能拥有良好的人际关系。

（四）情绪对大学生行为目标的影响

1979 年，心理学家埃普斯顿在《人类情绪的生态学研究》一文中，介绍了他对大学生的自我观念、情绪与行为变化之间关系的研究成果。成果发现：当体验到的是积极的情绪，如感到高兴、亲切、安全、平静，大学生的行为目标也往往是积极、生动的，对新经验的接受和开放、对周围人的尊重和理解、对价值和长远目标的献身精神等，都有明显增强；当体验到的是痛苦、愤怒、紧张或受威胁等消极情绪时，一部分大学生的社会兴趣下降，反社会行为增加，对新经验持审慎，甚至闭锁的态度，另一些大学生的行为并没有向消极方面转化，而是汲取教训，准备再干。

埃普斯顿的实验结果表明：积极的情绪体验与积极的行为变化总是有一致的关系。因此，在大学生活中要尽可能多地缔造这种关系。积极引导消极情绪，使之转化为长远目标和价值献身的精神。

第六节　大学生中常见的情绪问题及调适

一、大学生情绪问题的表现

（一）焦虑

焦虑是十分常见的现象，是一种类似担忧的反应或是自尊心受到潜在威胁时产生担忧的反应倾向，是个体主观上预料将会有某种不良后果产生的不安感，是紧张、害怕、担忧混合的情绪体验。人们在面临威胁或预料到某种不良后果时，都有可能产生这种体验。

焦虑不仅存在于大多数人的生活中，而且也是其他心理障碍共有的因素，如抑郁症与恐惧。焦虑是作为一种情绪感受，可以通过身体特征体现出来，如肌肉紧张、出汗、嘴唇干裂和眩晕等。焦虑也伴随认知成分，主要是以为将来会发生不愉快的事情。由于焦虑与恐惧、担心、惊慌等相关，也有人将担心看做焦虑的认知成分。

焦虑是大学生常见的情绪状态，当他们在学习、工作、生活各方面遭遇挫折或担心需要付出巨大努力的事情来临时，便会产生这种体验。焦虑对大学生的影响是复杂的，既可以成为大学生成才的内驱力，起促进作用，也可以起阻碍作用。实验证明，中等焦虑能使学生维持适度的紧张状态，注意力高度集中，促进学习。但过度焦虑则会对学生带来不良的影响。如有的大学生在临考前夜的失眠或考试时"怯场"，在竞赛中不能发挥正常水平等，多是高度焦虑所致。被过高的焦虑困扰的大学生，常常会感到内心极度紧张不安，惶恐害怕、心神不定、思维混乱、注意力不能集中，甚至记忆力下降，同时还容易产生头痛、失眠、缺乏食欲、胃肠不适等不良生理反应。焦虑的大学生在内心深处有一种无法解脱、不愿正视的心理问题，焦虑只是矛盾、冲突的外显，借此作为防御机制以避免那更深层次的困扰。

大学生常见的焦虑有自我形象焦虑、学习焦虑与情感焦虑。自我形象焦虑是担心自己不够漂亮、没有吸引力，体貌过胖或矮小等，也有的因为粉刺、雀斑等影响自我形象而引起的焦虑。这类焦虑主要与自我认知有关，需要通过调整自我认知重新接纳自我，建立新的自我形象。与学习有关的焦虑如学习焦虑、考试焦虑，在学生情绪反应中最为强烈，我们在大学生学习心理中专门谈及考试焦虑，需要引起重视。情感焦虑多数由于恋爱受挫而引发的自我否定，认为自己不具备爱人与被爱的能力，因而过度担心引起焦虑。

（二）激动易怒

愤怒是大学生常见的一种消极情绪。处于精力充沛、血气方刚的青年时期的大学生，在情绪情感发展上往往容易好激动、易动怒。如有的大学生因一句刺耳的话或一件不顺心的小事而暴跳如雷；有的因人际协调受阻而怒不可遏、恶语伤人；有的因别人的观点或意见与自己相左而恼羞成怒；有的因一时的成功、得意而忘乎所以；有的因暂时的挫折或失败而悲观失望，痛不欲生。如此种种遇事缺乏冷静的分析与思考，图一时之快，逞一时之勇的好激动、易动怒的不良情绪等特点，在一些大学生身上时有体现。这种情绪对大学生的影响是极其有害的，因而有人说："愤怒是以愚蠢开始，以后悔结束。"

（三）压抑苦闷

压抑是当情绪被过分克制约束，不能适度表达和宣泄时所产生的内心体验，它混合着不满、苦闷、烦恼、空虚、困惑、寂寞等诸种情绪。处在压抑、苦闷状态中的大学生常常精神萎靡不振，缺少青年人应有的朝气和活力，对生活失去广泛兴趣，不愿主动与人交往，感觉迟钝、容易疲劳，不满和牢骚较多。长期压抑极易导致心理障碍。

（四）抑郁消沉

抑郁是一种持续时间较长的低落消沉的情绪体验。处于抑郁状态中的大学生，看到的一切仿佛都笼罩着一层暗淡的灰色，对什么事都提不起兴趣，常常感到精力不足、注意力难以集中、思维迟钝，同时伴有痛苦、羞愧、自怨自责、悲伤忧郁的情绪体验，自我评价偏低，对前途悲观失望。长期处在抑郁情绪状态中，会使大学生的学习、工作和生活受到极大影响。

抑郁症状不单指各种感觉，还指情绪、认知与行为特征。抑郁最明显的症状是压抑的心情，表现为仿佛掉入了一个无底洞或黑洞之中，正被淹没或窒息。其他感觉包括容易发火，感到愤怒或负罪感。抑郁常常伴随着焦虑，对所有活动失去兴趣，渴望一个人独居。抑郁也伴随着个体思维方式的转变，这些认知改变可以是一般性的，比如注意力不集中、记忆力衰退或者很难做出决定。在思考中可能有更多的心境转变，消极地看待世界、自我和未来。因此，抑郁的人很难回忆起美好的记忆，不适当地责备自己，认为他人更消极地看待自己，对未来感到悲观。与此同时，还伴随身体症状，如常常乏力，起床变得困难，更严重时睡眠方式都将改变，睡得太多或者早晨醒得太早，并且不能再次入睡。也可能出现饮食紊乱，吃得过多或过少，随之而来的体重激增或剧减。抑郁是一种持续时间较长的低落、消沉的情绪体验，它常常与苦闷、不满、烦恼、困惑等情绪交织在一起。

一般来说，这种情绪多发生在性格内向、孤僻、敏感多疑、依赖性强、不爱交际、生活遭遇挫折、长期努力得不到报偿的大学生身上。那些出现不喜欢所学专业、人际关系处理不当、失恋等问题的大学生也会产生抑郁情绪。

（五）虚荣嫉妒

嫉妒是因为自己的社会尊重需要未得到满足而产生的不良情绪，是一种企图缩小和消除与他人的差距，恢复原有平衡关系的消极手段。嫉妒是大学生中普遍存在的不良情绪，表现为看到他人的才华、能力、品行、荣誉，甚至相貌、衣着等超过自己时，感到恼怒、痛苦、愤愤不平，当别人遭到不幸和灾难时则幸灾乐祸，言语上讥讽嘲笑，行动上冷淡疏远，甚至在人后恶语诋毁、中伤，蓄意打击报复。严重的嫉妒感是一种极不健康的心态，它使人的心灵扭曲变形，使美好的情感被抹杀，是一种情绪障碍。嫉妒严重危害良好交往。如历史上孙膑致残、韩非被杀，就是同门师兄弟嫉贤妒能、暗中陷害所致。

黑格尔曾说，嫉妒是"平庸的情调对于卓越才能的反感"。当看到别人比自己强时，心里就酸溜溜的，不是滋味。嫉妒者不能容忍别人超过自己，害怕别人得到自己无法得到的名誉、地位等，在他看来，自己办不到的事别人也不能办成，自己得不到的东西，别人也不能得到。

嫉妒对人的心理健康不利。一是破坏人际关系的和谐。当一个人嫉妒另一个人的时候，就不会对那个人友善、热情，两个人的关系必然冷淡。嫉妒的对象越多，关系冷淡的对象越多，这就给人际交往带来极大的妨害。甚者，还会破坏集体的团结和良好的心理氛围。二是造成个人的内心痛苦。一个嫉妒心强的人，常常陷入苦恼之中不能自拔。时间长了会产生自卑，甚至可能采取不正当的手段去伤害别人，使自己陷入更恶劣的处境。法国文学家巴尔扎克曾经说过："嫉妒者比任何不幸的人更为痛苦，因为别人的幸福和他自己的不幸，都将使他痛苦万分。"

二、大学生情绪问题产生的原因

大学阶段是一个人人格发展、世界观形成的关键时期。大学生面临着一系列重大的人生课题，如大学生活的适应、专业知识的学习、交友恋爱、择业就职等。但由于身心发展尚未完全成熟，自我调节和自我控制能力不强，复杂的自身和社会问题，往往容易导致大学生强烈的心理冲突，从而产生较大的心理压力，甚至产生心理障碍或心理疾病。

压力也称谓"应激"，是出乎意料的紧张情况下和对人有切身利害关系的严重生活事件所引起的情绪状态。压力的来源，即应激源，主要来源于三个方面：

1. 外部物质环境

外部物质环境即自然环境中的物理、化学、生物刺激物，如高温、辐射、噪音、酸碱、毒品、细菌、病毒，以及突发灾难，如地震、洪水。

2. 个体体内环境

个体体内环境机体内部各种物质的产生，水、电解质以及酸碱平衡等内环境的失调，这些既可以是应激反应的一部分，也可以成为应激源。

3. 心理社会环境

心理社会环境心理因素和社会因素在应激源中处于主导地位。例如，职业（学业）问题，恋爱婚姻及家庭问题，社会生活环境问题。

值得提出的是，事件本身没有应激性，"某个人的应激源可能是另一个人的蛋糕"。一个事件可能对某个人来说是一件非常严重的事，但在另一个人的眼里可能是微不足道的，甚至是好事。事物的应激性主要取决于个体对于事物的评价。

大学生是一个承载着社会、家长高期望的特殊群体，成长、成才的欲望非常强烈，但心理发展尚未完全成熟、稳定。经济和社会的发展、生活环境的变化、成长过程中遇到的问题、求职择业竞争的激烈、涉及大学生切身利益的各项改革措施的实施等，使得大学生成为当前我国社会的高压力群体。

大学生的压力的产生可分为内在原因和外在原因。内在原因即自身个体差异、心理素质的差异。心理研究表明，气质类型也是压力产生的必要条件。例如有些事物，对于胆汁型的人较容易克服，而对于抑郁质的人则容易产生应激反应。另外，大学生的认知、性格、能力等诸多心理因素也可能成为影响大学生心理压力的因素。外在原因即是大学生在实际生活中的压力来源，如日常的生活、学习、工作，意外事件，社会压力。

1. 学习压力

许多同学在进入大学以前，将大学的生活想的较为轻松、自由，认为学习已经不再是第一要务了。但进来之后，发现大学俨然一副围城般的模样，不仅授课内容繁难，而且作业众多，更有各种评奖评优的指挥棒在鞭笞着，顶着曾经的辉煌光环的同学很容易就产生了学业上的压力。而且进一步分析可以发现，大学生学习成绩越低，其学业压力越大。

2. 生活适应的压力

大学展现给大学生的是一个全新的面貌，大学生所要经历的也是一种全新的生活。自我的不断觉醒，所处的社会环境、校园文化环境、生活环境、学习环境以及人际关系方面的变化冲突，会给大学生带来各种适应问题。具体而言，首先是适应角色的转变，就中国国情来说，也就是从应试教育的学生到即将走上社会的准备阶段的学生的转变。虽然仍然是学生，但是具体内涵已经发生了变化。其次是适应环境的转变，这里的环境主要是指客观自然环境，也就是气候、饮食、作息时间的转变。很多大学生是第一次背井离乡，生活习惯方面的诸多不统一往往产生巨大压力。然后是社会关系的转变带来的生活的变化。大学是一个复杂的小社会，诸多事务需要共同完成，不得不和各种人打交道，以前那种独来独往的行为生活模式越来越难以实行。而人与人的关系也复杂起来，一个人必须在不同的情境下扮演不同的角色。

3. 人际关系的压力

大学里不得不和各种各样的人打交道，彼此关系也不一样，可能是一面之缘的同学、情深意切的恋人、活动的组织者、严肃认真的老师、宽厚无私的家长，种种关系需要不同的方式来对待，这是以前的生活中从来没有的。而且，相较于儿童时期，青年时期的同伴关系也发生了变化，如：青年花大量时间与同伴在一起，而儿童则更倾向于和父母相处；青年的群体行动不再像儿童一样需要大人指导；青年时期与异性交往增加；相较于儿童时期的群体，青年时期的群体更复杂，也更庞大。毕竟是来自天南地北的人，况且又处于年轻气盛的阶段，平时难免会有点摩擦。因此，人际关系的压力在无形中突然增大。即使是成年人，在实际工作中，人际关系的压力也是生存压力的重要部分。

4. 前途的压力

从大学生自身说，大学生正值各项生理功能的黄金时期，又是形成人生观和价值观的关键阶段。大学生活对于一个人今后发展的重要性自然不言而喻。因此，对于大学生来说，自己的命运掌握在自己手中是一种摆脱不掉的压力。另外，社会与家庭的期待，尤其是不切实际的期待，往往成为大学生心中挥之不去的阴影。而自从全国普遍性扩招以来，大学生的就业压力不断增大，各种证书、等级考试、面试接踵而至。

5. 经济的压力

中国农村人口占总人数的80%以上，大学生来自农村的占60%以上，而且相当一部分来自贫困地区。据有关部门统计，目前在全国普通高校中，贫困大学生差不多占在校生总数的25%，绝大多数来自于农村，人数近300万。经济的压力无时无刻萦绕在他们心头。而且，由于经济拮据，他们可能交友不力，分心打工而荒废部分学业。大学生喜欢幻想并追求理想，而他们却要面对经济上的残酷现实。

三、情绪自我调控的步骤及调适方法

要减轻或避免焦虑困扰，大学生可从以下三个方面进行自我调节：

一是放下包袱、轻松上路。易为焦虑感困扰的大学生，常常在头脑中固守着许多不恰当的观念和想法，而且深信不疑，结果使自己像负重行路一样，疲惫不堪。比如认为自己绝不能失败或认为一旦发生了某件事（退学、失恋）就全完了。类似的观念和想法使得他们过分注重事件的成败结果，对可能产生的后果无限夸大，心理压力太重。因此要先丢开或改变这些观念，放下包袱，才能放松心情、轻松上路。

二是当机立断、积极行动。对于正面临选择的大学生来说，解除焦虑感的最好办法是衡量利弊得失后当断则断，不再犹豫。大学生在面临选择和困难时，应勇敢正视、积极行动，并认识到每一种选择都有得有失，在行动中体会战胜自我、克服困难的快乐和自信。

三是动静结合、身心放松。身心放松可以使人心境安宁、平静，排除各种不良情绪的干扰，有助于减轻和消除焦虑感。身心放松有多种方式，大学生可以采用动静结合、一张一弛的办法，即把进行适量的体育锻炼和想象法、音乐法等静态调节方式结合起来，既在运动中释放出紧张的情绪，使人身心舒畅、精神焕发，又通过想象放松、音乐调节平静心情，排除杂念，从而达到解除焦虑、有益身心的目的。

1. 要克服激动易怒的不良情绪的大学生进行自我调适的方法

第一，加强修养。大学生应认识到发怒并不能解决任何问题，只会激化矛盾及招来别人的敌意和厌恶，只有加强自身修养，以开阔的胸襟宽容体谅他人，不为小事斤斤计较，才能得到别人的信任、尊重和理解，并建立真诚的友谊。

第二，冷静克制。在与人发生矛盾冲突，即将动怒时，要用理智和意志控制冲动的情绪，尽量缓解或避免怒气发作。这时可以暂时离开使自己动怒的环境，过后对问题可以冷静地商量解决。也可进行自我暗示，如在情绪激动时心中默念："要冷静、别发火"，或在床头壁上贴上"制怒"、"三思而行"等条幅，以时刻提醒自己。

第三，合理疏泄。如果一味克制、压抑而不加以疏泄，同样会不利于身心健康，因此，大学生要学会通过适宜途径合理疏导不良情绪。如采用与人交谈、写书信、记日记等方式，还可以在情绪激动时进行剧烈的体育活动或喊叫。但是，无论是哪种方式，都要适时适度，既不能影响他人，也不能损害自身，更不可危害社会。

2．时时感到苦闷压抑的大学生进行自我调适的方法

首先要尽量做到客观、理智地分析自己的现状及情绪，找出造成压抑的根本原因。如有的大学生感到压抑是因为在交往中过于注重对方的感觉和需要，以对方为中心，不敢大胆说出自己的不同意见和真实想法，以为这样才能维护友谊，结果自己感到十分压抑。这种情况就要先认知到人际交往是一个相互满足内心需要的过程，既要注意相互谦让，又要注意保持自己的个性，达到互相补充、共同发展，友谊才能历久弥坚。

其次，适当宣泄是减少或消除压抑感的有效途径。当你感到内心压抑苦闷时，不妨向亲朋好友倾吐心中的忧愁和不愉快，也可以采用日记、书信的方式。坚持进行体育锻炼也是一种行之有效的方法，它可令大学生身体强健、精神饱满、心情愉快、充满朝气，一扫萎靡不振的精神状态。此外，在不影响他人的情况下，适度表达自己的喜怒哀乐之情，对于消除压抑感也很必要。

3．被抑郁情绪困扰的大学生进行自我调适的方法

其一，纠正偏误、端正认识。大学生要找出并纠正自身持有的一些偏见和误识，如挫折和不幸是不该发生的，我绝不能失败等，要做好承受挫折的心理准备，并把困难和不幸视为生活的磨砺、成长的契机，认识到世上没有绝对化的事物，光明之处必有阴影，要多看光明面，相信自己有能力闯出困境，到达成功的彼岸。

其二，重新评价、悦纳自我。自我评价过低是大学生自卑、消沉的主要原因之一，因此，心境抑郁的大学生需要对自己重新进行评价，不要以己之短比人之长，对于自身的缺点和不足，可以改进和完善的，则进一步努力；而属于不可改变的，如家庭、相貌等，就须坦然接受，然后尽量在其他方面加以补偿。只有正确地进行自我评价，大学生才能实现自我接受和自我悦纳；只有肯定和喜爱自己的人，才会充满热情地拥抱生活。

其三，积极交往、参加活动。良好的人际交往、和谐的人际关系是大学生消除抑郁感的重要途径。大学生要增强交往的主动性，改变孤僻、退缩的行为方式，主动与同学微笑、致意并简短交谈，多关心帮助他人，积极参加各种文体娱乐活动，在互帮互助、友爱关心中感受友谊的珍贵和生活的美好。

4．虚荣心强、好嫉妒的大学生进行自我调适的方法

第一，贵在自知。俗话说：人贵有自知之明，的确，能够清醒、准确地了解自己的人是难能可贵的。大学生对自己也应有一个正确的评价，既要看到自己的优势、长处，也要知道自己的不足和缺点，想事事不落人后、样样不逊于人是不可能的。只有善于吸收别人的长处，克服自己的缺点，扬长避短，充分发挥潜力，才能赢得属于自己的辉煌和成功。

第二，合理转化。嫉妒别人是一种不服输、不甘落后的好胜心的体现，可以将消极的嫉妒情绪转化为发奋进取、积极向上的动力。好嫉妒的大学生在羡慕他人的成功、荣誉时，应该对自己说他行我也行，然后发奋努力，逐步缩小差距，化消极情绪为积极动力。

第三，充实生活。大学生应把精力集中在专业知识、技能学习上，同时积极参加各类有益身心的活动，如体育比赛、文艺演出、集邮、摄影、旅游、社会实践等；要培养广泛的兴趣，使生活充实愉快，在学习、工作和生活中不断丰富自己的知识、发展能力、完善个性、陶冶情操，就一定能告别嫉妒心理，与同学朋友携手并进，共同发展。

【学习与思考】

1. 你认为如何判断一个人的情绪是否正常？

2. 小敏刚买不久的新衣服晾在外面不见了，她怀疑是室友偷的，又不敢问，一连十多天都闷闷不乐。请以此为例，谈谈大学生的情绪特点。

3. 小张原本是个活泼开朗的女孩，自从和男友分手之后，就变得情绪低落，郁郁寡欢起来。她想不通他为什么要和她分手，想来想去，她认为是自己不够漂亮，不够优秀，性格软弱。她越想越觉得自己一无是处，整天心慌意乱的。你认为小张该怎么做？

第九章 爱情与性

爱情是人类永恒的图腾，也是人类精神世界不竭的动力之一。爱与美、爱与人生、爱与永恒紧密相关。正值花样年华的大学生，受氤氲之气的滋养，爱情悄悄地生长并繁茂，大学生的爱情如同夏日里的太阳雨，美丽却又有些伤感。爱的琼浆需要理性与智慧，需要等待与心智，由恋爱的双方共同酿造。通过本章的学习，我们要树立健康的爱情观，找到未来幸福生活的金钥匙。

第一节 大学生爱情的心理特点

一、什么是爱情

爱情是一个古老而常新的话题。按哲学心理学家弗洛姆在其名著《爱的艺术》一书中所述，人类的爱分为五种，即兄弟之爱、父母之爱、异性之爱、自我之爱和神明之爱。且不论这种看法是否正确，本章所指爱情当属异性之爱。这就是说，爱情是建立在传宗接代的本能基础上，男女双方产生的特别强烈的肉体和精神享受的相互仰慕，并渴望对方成为自己终身伴侣的高尚感情。尽管对于爱情定义的表述上有差异，但基本内容是一致的，主要涉及生物因素、精神因素和社会因素三个方面。生物因素是指爱情产生于男女两性之间，异性相吸的生物本能使人产生性欲，从而具有与之相结合的强烈愿望；精神因素主要是指爱情是一种高尚的情操，健康的爱情会愉悦身心，使人产生美好的心理体验；社会因素指爱情是社会现象，一方面受社会道德、法律规范制约，另一方面还将涉及养儿育女、传宗接代的社会功能。

综上所述，我们可以给出一个综合的定义：爱情是指男女之间基于一定的社会关系和共同的生活理想，在各自内心形成的对对方最真挚的爱慕，渴望对方成为自己终身伴侣的最强烈的情感体验，是两颗心相互吸引，达至精神升华的产物。

一般而言，美好的爱情要经历一个萌芽、开花和结果的过程。男女双方培育爱情的过程，称为恋爱，按进程一般又可分为初恋期、热恋期、恋爱质变期（失恋或结合）。处于恋爱状态的男女双方会产生特别强烈的相互倾慕之情，通常呈现出一些明显的特征：恋人之间常有眉目之间的传情和语言的沟通；恋人之间有美化对方，只见对方优点而不见其他的倾向；恋人有力图完善自己而与对方协调起来的倾向；恋人会在日常的一举一动里表达对对方的关心，有"一日不见，如隔三秋"的悬念；恋人常会戒备对方会被别人抢走，有独占对方的欲望。

二、大学生谈爱情

这些是来自于心理健康教育课堂中，大学生所理解的爱情：

"爱情，根本就没有搞懂她的可能，如果仅凭我们的那一些智慧的话。面对她时，表现出来的疑虑、期盼和恐慌，无法掩饰地写在年轻的脸上，只因无论是怎样坚强的心灵，都会有脆弱的侧面，在于灵魂之中，无法逃避的是你自己。罗马城堡的高墙是多么坚不可破啊，摧毁它的却正是来自这个伟大国家的内部纷争。分崩离析，祸起于萧墙之内，内力胜于外力，无论是破坏或是建设，无论是爱情还是其他。有些人敬畏爱情，或许出于这个原因，也就是这个原因，爱情或能创造奇迹，或者酿出悲剧。"

这是对生活怀有理性态度的大学生心中的爱情：

"爱情是什么？对于罗密欧和朱丽叶而言，爱情是致命的毒药。对于奥赛罗来说，爱情是嫉妒的匕首。而对于我，爱情又是什么？这是一个没有穷尽答案的问题。在人生的某些片段，我们会不自觉的去思考她。"

这是正在思考爱情的大学生的文字：

"爱情可以去理解、可以去解释、可以去研究、可以去……但爱情的美只能在感动中得以体会，那是一个充满了想象与超脱现实的生命经验。你永远无法理解为什么一个人可以那样的去爱另一个人，除非你也曾深深体会。"

这是正在恋爱中的学生理解的爱情：

"有时候，爱情就好像一个妖精，潜着夜的阴影，隐藏在我们灵魂的那些软弱与彷徨的背面。你若不够坚强，她便悄然念动一些恶咒来使你更加痛苦，而我们却无法使用我们惯常的逻辑和理智来进行抵抗，因为爱情是非理性的东西，如果你妄想去分析，她会让你饱受挫折，并且丧失掉最后的一点自信。比较好的方法是依靠忍耐、时间和自身的力量。你若不够坚定，她便又在你耳边低声呢喃，吹气若兰，撩动你的发梢，轻拨你的心弦，使你陶醉，然后陷入激流中迷局般的旋涡。这样的情况，有些人曾经体会，于是有些人便说：爱情是无聊的东西！

是真的吗？好像从来没有人给出这个问题的绝对答案。爱情如此神秘，只因不了解的人尚不敢去揭开她的面纱，而了解了的人却又沉默了。在爱情面前，语言成了多余；在爱情面前，人人都是小孩，经验往往胜于才智，沉默却更让人领悟。"

这是一名刚刚恋爱的男生笔下的爱情：

"对于爱情，我想还是怀着一些敬意、一点理性的好。在任何时候，我们都不应对她表示轻视，但也不要靠得太近，在你有了确定把握之前。虽然我同样渴望真挚的爱情，但是爱情需要太多东西支撑了，比如信任、理解、责任、担负、宽容。爱情看上去不像是物质的东西，事实上也的确不是。爱情好像花朵的美丽，美丽来自于花朵，花朵依赖土壤生存。一切那样自然，又是那样现实。无论爱情如何绚烂，都不该忘记她脚下的土壤。沙子里种不出美丽的花朵，没有雨露滋润，野百合也会枯萎。若是稍稍给出自己一点空间，留住一份理智，爱情似乎会更有价值。好像一名希望培育出真正名贵花朵的花匠，只有依循了最一般的客观规律后，才能种出美丽来，才不会在满地的枯叶和干涸的泥土中迷失自己的心灵。

可是，你又如何知道，你有了确定的把握？什么又才是最一般的客观规律？

对于这个问题，我想，我并不明确知道答案。

有没有见过，下午茶杯中升腾的氤氲？轻轻的一团，如果不去靠近她，她就在你的眼前，要是你伸手想去触摸她，只抬了抬手，她便飘散开去，在空气中湮灭掉了。爱情有时也是这样。

关于这个问题，从来就没有现成的回答，生活本身会给出答案的，有时答案就在我们心里。如果有一天，我突然对自己说：是时候了！便是时候了。关键在于，在这之前，我最好明确了我自己本身、我所需要的和我所要面对的，然后在我允诺自己的时候，应该是肯定的，并且清楚地了解自己在干什么。

认识了自己，才能了解爱情，虽然未必绝对如此，但在你伸手把握爱情的时候，他会使你更加坚定、勇敢、自信。"

这是一位优秀女大学生的爱情感悟：

"人人都在期待爱情，爱情却不会为每个人停留。谁不期盼一份真挚不变的爱情啊！可是我终究还是没搞懂爱情是什么东西。爱情依旧是那样神秘，一如几千年来的一贯作风，而我依然深信不疑，一如在我之前所有找寻答案的人一般。于是我还将继续追寻。在找到答案之前，我只希望还在等待她的人儿，不要错过了她；已经得到了她的人儿，不要轻率地对待她；而蠢蠢欲动的人儿，先要审视自己的内心。"

这是一位等待爱情的年轻的而沉稳的心。

三、大学生恋爱心理的发展

（一）大学生恋爱心理发展的一般特征

1. 阶段特征

单从年龄上看，多数大学生处在性心理发展的后两个阶段，但由于个人经历及自身社会文化背景等方面存在差异，其在恋爱心理发展的阶段特征上的表现可能有很大的落差。

2. 年级特征

随着年级的升高，大学生恋爱需求的总趋势是越来越迫切，加之异性间接触机会的增多，周围环境对恋爱的干涉减少，"谈恋爱"或"谈过恋爱"的学生比例不断增加。

3. 性别特征

男女青年在恋爱心理上存在一些差异，这些差异在大学生恋爱上也有所表现：

（1）男生比女生更易一见钟情；

（2）男生比女生更积极主动；

（3）女生的戒备心理比男生强；

（4）女生的"面子观"比男生强；

（5）女生比男生更看重爱情在生活中的位置；

（6）女生比男生更看重情爱，而男生比女生更看重性爱；

（7）男生比女生的爱表现得更为强烈，而女生比男生的爱表现得更为持久。

在大学里还存在一个较为特殊的现象，即女生在校期间对恋爱的迫切程度可能要比男生强烈，因为一旦步入社会，女生自觉选择的机会和余地要比男生少。校园里流行一种描写女大学生恋爱心理的说法——"一年娇，二年挑，三年躁，四年没人要"，仔细想来是有些道理的。

（二）大学生恋爱心理的矛盾冲突

1. 恋爱自主与社会干预的矛盾

大学生谈恋爱者日趋增多，一方面是学校和社会从培养人才、规范校风的角度出发，要加以教育引导，提出规范性的管理和防范性的约束措施；另一方面是青春期的大学生由于性生理的发育和性心理的发展已基本成熟，不少学生对学校的管理约束有抵触情绪，认为"恋爱是私事，不应干涉"。当然，作为知书识礼的大学生，并非不懂得学校防范管理的意义，也正因此在大学生的心理上产生了矛盾冲突。

2. 浪漫情感与道德要求的矛盾

文化程度较高的大学生看重两性交往中的精神生活，追求情感上的默契及浪漫色彩。受近年来社会风气的负面影响，大学生追求浪漫色彩的恋爱在校园由隐蔽转向公开，甚至于在公众场合勾肩搭背，拥抱亲吻。但社会道德舆论，学校校风校纪教育，大学生个人道德修养，都是不容许上述现象存在的。大学说到底还是一个学校，所以它不能容许在公共场合过于亲昵的行为。于是乎，追求恋爱情感的浪漫色彩心理与恋爱行为应有适当分寸的道德意识，两者在大学生的心理发生强烈碰撞。

3. "给予"与"索取"的矛盾

爱情的基础是双方相爱，相爱的双方在情感上的"给予"与"索取"本是结合在一起的。但是，不少大学生在"给予"与"索取"上感到困惑。他们一方面追求爱情的感情基础，具有恋人的奉献精神，而另一方面在对爱情的态度、行为上又有自相矛盾的现象。作为接受高等教育的大学生，内心情感自然倾向爱情的理解、思想的默契、感情的融洽，但现实社会的种种负面影响，使他们有可能以庸俗、市侩的眼光看待爱情。于是，"给予"与"索取"的心理矛盾容易在大学生恋爱过程中产生。至于个别大学生极端的情况，如在恋爱中只要求对方给予，自己只是一味索取，甚至表现为自己放纵可以，对方必须"干净"，或者一味"奉献"，不求回报，凡事委曲求全等则是错误的和不健康的恋爱心态。

第九章 爱情与性

第二节　大学生恋爱心理调适

一、大学爱情故事

【案例】　爱的蔷薇花

我的爱情发生在蔷薇花开的季节。

从来没想过会在大学里谈恋爱，本意是要做个女强人，将爱情列为奢侈品的范畴，不去碰触，却没想到在大学，我就心甘情愿又稀里糊涂地被俘虏了。

我的男友是本班的一个男生。刚上大学，专心于学习的我并未太留意班里的人，喜欢静静地坐在角落。一学期过去了，班里的同学我还认不全。对他，也只是一个模糊的面孔而已。大一下学期，我欣喜地发现，校园里竟有如此多的蔷薇，且有白的、黄的、粉的，教五楼前便有一大棵。早在含苞时节，每日走过，我总要偷摘一朵，盈握手间。

那日，当我又将手伸向花朵时，身后很近的地方有个男生很重地咳嗽了一下，我一惊，手背到身后，回过头，却是他带着得意的笑，眼睛直盯着我，我的脸刷地红了。平日里说话得体的我当时不知要说些什么，深吸一口气，转身跑进教室了。

说起来让人喷饭，对他的这"惊鸿一瞥"，我脑海中留下的竟只有他开心笑时那满口整齐雪白的牙齿。我当时心里想：这个人的牙齿很棒！

那天，没一会儿，他也进来了，一边轻松地与别人打着招呼，一边踱到我身边，递给我一朵蔷薇。我紧张万分，先做的不是接花，而是飞快地抬头看边上有没有人注意。他轻声问我："为什么不夹在书里？""噢，会压坏的。"我僵硬地笑了一下，便低了头。

自那天，每当我和别人聊天，无意一望，就会看到他正微笑着看着我，而我的心便会无端的紧张。他爱打篮球，班际比赛时，我们女生去当拉拉队。他进了好几个球，大家欢呼时，他回过头直看着我，笑着奔跑起来。我发现他常常在看我，而这种发现越来越多，我惊奇地发现，我也在越来越多地关注他。一群人在教室里，我常用眼光追逐他的身影，目光对上了，又赶快移开。

"这是怎么了?!"我感到局促不安，曾经保证不在大学谈恋爱。我在极力压抑自己的感情，不去看他，但心思是骗不了自己的，脑海中常会出现他含笑的眼睛，那眼神中有如许让我沉醉的东西，让我感到依赖和安心。他或许感到了我的躲避，却依旧在我身边关心我，帮助我。班里有人在拿我们开玩笑，我有时会不知所措，他则会笑着用眼神制止他们。

大二下学期很快就来了，在这种心动的日子里，又到了蔷薇花开的季节。他不知从哪里打听来，我之所以喜欢蔷薇是因为我出生在这花开的季节。生日那天早晨，他在楼下等我，令我惊喜的是，他竟捧着一大藤条盘的蔷薇，递到我眼前。看着那些带着露珠的花，我真的觉得自己特别幸福。他又用那种深深的眼光看着我，轻声说："本来该送玫瑰，可是我觉得它更好。给我一次机会，好不好？"我那时估计是乐晕了头，竟默默地点了点头。

就这样，我成了他的女友。我们细心周到地关怀着彼此，很开心，很幸福，我也开朗了不少。碰到对爱情犹豫的人，我会劝他们给爱一个机会，毕竟，学生时代的爱是很美的，就像那一架架繁盛而纯洁的蔷薇花。

这是一个正在进行的爱情故事，我们可以读出爱情的那份快乐与甜美，我们也祝愿这份爱情能够地久天长。

【案例】 爱情是一份美丽的心境

我是一个不善于表达自己感情的人。我所学的大学英语课本第一课就是 Love，附以一对夕阳老人的画面。听力课听的第一个内容就是歌曲 Love Story，听过不少浪漫的欧美经典爱情歌曲，但是没有哪一首歌曲是这般的荡气回肠。

身边的 love story 很多，应该叫 love stories, so many, so dull and just so so。不要以为我玩世不恭，看破红尘。因为身边的故事很少让人有更大的想象空间和余地，回宿舍总能看到楼下许多期盼的身影。然而很多时候，你都要经受没有美感的考验。有的恋爱了，似乎想要向天下人昭示。在这个时代，爱情加速度越来越快。

女孩子对羞涩的敏感度下降了 n 倍，我不知道羞涩会不会绝迹，像恐龙一样。人们越来越多地放纵自己的感情，似乎自己的感情在市场经济条件下已经大大贬值了。"执子之手，与子偕老"会不会成为古老的神话。身边的爱情故事屡见不鲜，饭堂里，校园的路上，只要公众出现的地方，无不有恋人出双入对的身影。有的因为郎才女貌，准确地说是郎貌女貌博得众人的艳美。有的是美女野兽档，有的是鲜花牛粪档，看到了不禁叫屈，可是看到女孩子一脸幸福的样子，我也就怨自己多管闲事了。

琴瑟相和，用来赞美爱情、祝福爱情，讲的是一种默契。我认为人与人之间，最重要的是一种默契。我可以说，身边默契的恋人不多。

也许是和平富足的年代缺乏了考验爱情的机会，于是"英雄气短"，只能帮女孩子提提水壶，拿拿包了。

身边还有父母质朴的爱情，二十多年的相濡以沫，让爱情潜移默化为亲情，扶携彼此走过一生的旅程。平淡之中见真情，蓦地，想起清代张潮的一句话："才之一字，所以粉饰乾坤；情之一字，所以维持世界。"

我在想，所谓爱情，光有爱不行，还有情。没有爱，一定没有情；光有情，没有爱，也不能谓之为爱情。有的人深深地爱着某个人，却不知道如何用情，换句话说，不知道如何去爱，这真的是一种无奈。而有的人，又太滥情。

某日看到一篇文章，名曰缺乏情书的时代。

我曾经在心中有过暗暗的期待，我的恋爱要伴着情书成长。现在看来，不过是奢望，因为会写、愿写、爱写的人越来越少了。我的期待也许真的要随着少年一去不复返了，心中免不了淡淡的惆怅与失落。是我太唯美了，太苛求了，还是太落伍了，我不知道，真的不知道。

我认为爱情如茶，要慢慢地品尝，一遍不够，要细细地品，用心地品。上等的好茶才能品出一种独有的味道，一封好的情书便可以看做是上等的好茶。好茶有很多的，绝对不会千篇一律。然而你只可挑选一种去用心地品。而你最钟爱的也只可能是一种，也许是铁观音，也许是黄山毛峰，也许是西湖龙井……

这是一位典型的爱情理想主义在想象自己的爱情，但爱情有时是最缺乏想象力的，无论你如何想象，也不能为自己的爱情进行预测。

二、大学生恋爱心理调适

爱情的神圣与庄严、神秘与美好吸引着无数青年男女为之折腰。有的学者说：

"有青年人的地方就会有爱。"但是，大学校园里并非都存在着完满的恋爱，并非都闪动着幸福的恋人，并非每个爱情的渴望者都能品尝到甘甜的爱情之羹。

（一）单恋

人们常说的单相思，一般是指一个人为了那个他（她）相思成灾，他（她）却一无所知，即使这样，却仍然一往情深，耐心地等候，幻想终有一天能真情感动，苦尽甘来。"衣带渐宽终不悔，为伊消得人憔悴"，这一句话描写的正是单相思。

心理学认为，人的认知是客观事物在人脑中的反映，这种反映有时因为受到主客观因素的干扰而出现偏差。单相思一般有两种情况：一种是误解对方的言行、情感，把友谊当作爱情，以一厢情愿的倾慕与热爱为特点，称为单恋；另一种是深爱对方，却又不知道对方的感情，又不敢去表白，称为暗恋。单相思的男女一方的倾慕之情苦于不被对方知道或接受而造成一种强烈的渴望。一个人执著地想获得一样东西，但又无法获得，这是最令人痛苦的事。尤其当想获得的是爱情时，痛苦倍增。单恋就属于这种情况，误认为别人爱上了自己或明知别人不爱自己，但却深深爱着对方，这种爱的情感越深，它所带来的情感折磨就越痛苦。大学生产生单恋的原因一般有两个：其一，对情爱的羞怯感。初涉爱河，内心难免有些羞涩和胆怯，加之对情爱的神秘感，这种羞怯心理也就愈加强烈。其二，对爱情的虚幻感。对爱情的美好憧憬与向往，使得一个人很容易因一些偶然的原因激发起对某人的强烈眷恋，从而陷入虚幻的爱情旋涡。一些学生处在单恋的情形下，既不敢大胆表白，又无法停止自我折磨，似乎很难从痛苦中摆脱出来。但只要真正认清当前的处境，问题也是不难解决的，方法如下：

1. 冷静对待自己的炽热爱情

当你对某人产生强烈的感情时，请先冷静一下。这首先是因为你到了春心萌动的年龄阶段，而你所"爱"上的人，可能只是某种虚幻的爱情偶像。更有一些单恋者，越是没有得到对方的爱，或者越是把爱深埋于心，就越发觉得这份"爱情"的珍贵，兀自在"爱"的煎熬中受尽折磨。其实，在这种情况下，爱情是不存在的，只是自己制造的一种假象。

2. 克服爱情错觉心理

单恋者往往由于对倾慕对象一往情深，希望得到对方的爱情的动机十分强烈，常常会把对方的言行举止纳入自己的主观需要来理解，从而造成对对方认知的偏差。因为自己爱对方，于是觉得对方也一定在爱着自己，看他（她）的一言一行都好像在向自己示爱，这是人们常犯的所谓"爱情错觉"。必须客观看待对方的言行，勇于承认自己产生了爱情错觉，才可能成功地转移自己的感情。

3．消除爱情固着心理

明知别人不爱自己，但依然一往情深地爱着对方而不能自拔，这就是"爱情固着"。必须借助理性努力从感情上加以调整。为此，可以经常提醒自己："我不应该这样去爱他（她）"，"我与他（她）在感情上没有任何联系了"。

4．扩大人际交往

要将自己已经积聚的相思之情疏淡，并转化成更广泛的爱，如对父母更亲些，与朋友加强联系，做义工等。

5．敢于自表

通常，单恋的困扰还与当事人的性格有关。如果一个人过于内向，或者遇事犹豫不决，在面临爱情这样重大的问题时，难免顾虑重重，躲躲闪闪，结果给当事人带来很大的情绪困扰。对于这种情况，可以用直截了当的方式，甚至在公开的场合，表达出自己心中的爱意。不过，在你付诸行动之前，还是有必要审视一下自己的恋爱"资格"问题。

【链接】 你有恋爱的"资格"吗？

恋爱本来是自然而然发生的，无所谓资格不资格的问题。可是，如果一个人在某种程度上来说性格尚未成熟，就贸然开始谈恋爱，这对其一生的发展可能是极为不利的。那么，人要成熟到什么程度，才能美满幸福的恋爱呢？其实这也没有一个明确的标准，但对下面的问题作自问自答是很有意义的。

（1）你在心理上能够完全离开父母而独立吗？

（2）你有真正意义上的朋友吗？

（3）对你的恋人，你能给他（她）什么呢？

（4）对性欲，你有自己明确的看法吗？

（5）如果恋爱受到挫折，你能做到不无理地憎恨对方，不无理地伤害自己吗？

以上几点很重要。事实上，对它们的肯定回答就是恋爱成功的先决条件。

（二）失恋

"哪个少女不怀春，哪个男子不钟情"，尤其是青年，由于生理、心理的逐步成熟，都会萌动春心，涉入爱河。浪漫热情之恋是青年男女内心的美好憧憬，它似一杯甘醇芳馨的美酒，令人如痴如醉。然而，有恋爱就有失恋，这是个辩证的自然法则。所谓失恋是指恋爱受挫失败。失恋引起的主要情绪反应是痛苦和烦恼。大多数失恋者能正确对待和处理好这种恋爱受挫现象，愉快地走向新生活。然而，也有一些失恋者不能及时排解这种强烈的情绪，导致心理推移，性格反常。具体到不同的个体，常常出现以下几种消极心态：

1. "从此无心爱良夜，任他明月下西楼"

失恋者羞愧难当，陷入自卑和迷惘，心灰意冷，走向怯懦封闭，甚至绝望、轻生，成为爱情的殉葬品。因为失恋而自杀的人的推理是：连我最爱的人都抛弃了我，这个世界对我还有什么意义？事实上，如果反向思维，既然爱情不再，感谢爱情给予你的自我成长。正是爱情给予你人生的启发，恋爱是双方相互了解，为将来人生做准备的过程，如果在交往过程中发现彼此不合适，恋爱中止是最明智的人生选择。

2. "不见去年人，泪湿春衫袖"

失恋者对抛弃自己的人一往情深，对爱情生活充满了美好的回忆和幻想，自欺欺人，否认失恋的存在，从而陷入单相思的泥潭。也有人会出现一个特殊的感情矛盾——既爱又恨，不能自拔。这类人首先从心理上拒绝、否认，继而更加思念对方，认为失去的才是人生最好的，陷入单相思之中难以自拔。

3. "阁道曲直，似我回肠恨怎平"

失恋者或因失恋而绝望暴怒，产生报复心理，造成毁坏性的结局；或从此嫉俗厌世，怀疑一切，看着什么都不顺眼，爱发牢骚；或从此玩世不恭，得过且过，求刺激，发泄心中不满。典型的心理反应是：我不幸福，你也别想幸福！这是一种扭曲的心理。

当然，如果你在交往中发现对方不适合你时，向对方提出中止恋爱关系一定要注重策略，有的人因为担心对方受伤害而忍受内心的痛苦，误使对方以为你还在爱他；有的人不告知对方为何中止恋爱关系，或者只用含糊不清的理由，比如性格不合。当你告诉对方不爱的理由时，一定要具体而且令对方接受。

失恋的种种不良心态会严重影响青少年的身心健康，甚至会导致一系列社会问题。所以，正为失恋而痛苦缠身的不幸者必须学会自我调整、自我拯救。提供方法如下：

（1）倾诉。失恋者精神遭受打击，被悔恨、遗憾、愤怒、惆怅、失望、孤独等不良情绪困扰，主动找朋友倾诉，释放心理负荷。可以用口头语言，把自己的烦恼和苦闷向知心朋友毫无保留地倾诉出来，并听听他们的劝慰和评说，这样心理会平静一些。也可以用书面文字，如写日记或书信把自己的苦闷记录下来，或给自己看，或寄给朋友看，这样便能释放自己的苦恼，并寻得心理安慰和寄托。

（2）移情。及时、适当地把情感转移到失恋对象以外的他人、事或物上。发展密切的朋友关系，交流思想，倾吐苦闷，陶冶性情；投身到大自然的博大胸怀中，从而得到抚慰。当然，密切自己与其他异性的交往，也不失为一个合适的途径。

（3）疏通。疏通指借助理智来获得解脱，有理智的"我"来提醒、暗示和战胜感情的"我"。要想想，爱情是以互爱为前提的，不可因一厢情愿而强求，应该尊重对方选择爱人的权利。也可以进行反向思维，多想对方的不足点，分析自己的优势，鼓足勇气，迎接新的生活。还可以这样设想，失恋固然是失去了一次机会，然而却让你进入了另一个充满机会的世界。正如海伦·凯勒所言，"一扇幸福之门对你关闭的同时，另一扇幸福之门却在你面前洞开了"。

（4）立志。失恋者积极的态度会使"自我"得到更新和升华，全身心地投入到工作中去，许多失恋者因此而创造出了辉煌的成就。像歌德、贝多芬、罗曼·罗兰、诺贝尔、居里夫人、牛顿等历史名人都曾饱受失恋的痛苦。他们是用奋斗的办法更新"自我"，积极转移失恋痛苦的楷模。

（三）中止恋爱关系

恋爱双方在交往中，随着交往的频度的增加与卷入深度的加强，如果一方发现对方不是自己心中想找的人时，能够理智地分析恋爱的走向，并提出分手。分手对双方都不是一件非常愉快的事，特别是确立恋人时间较长，具有较为稳定恋爱关系的人。提出分手的一方，要注意以下几点：一是选择恰当的时机；二是须使用策略；三是艺术地说明原因；四是不逃避责任；五是不拖泥带水。被动的一方，要注意控制自己的情绪，不可自暴自弃，也不可死打硬缠，更不可意气用事，寻求报复。值得注意的是：中止恋爱关系不要给对方留有余地，比如"以兄妹相称"，"再相处一段试试看"等，特别是两性恋爱关系中止后，都需要一段时间认真冷静地面对这段感情。

【案例】

某著名大学一名优秀的女硕士李某，在大学期间，与同在某一小城市读大学的张某确立了恋爱关系。在研究生考试中，恋人张某失利，而李某以专业第一的优异成绩考入该著名大学深造。此时的张某决定孤注一掷，辞职来到北京考研，随着阅历的增加，李某感到与张某已缘分不再，却又羞于说出口，自觉对不起张某。张某的第二次考研又以失败告终。为鼓励张某继续奋斗，两人又继续交往，当张某第三次考研在即，李某考虑应当中止恋爱关系，拖延并无好处。经历了两次考研失利打击的张某，无论如何也承受不了失恋的打击了，所以当李某提出中止恋爱关系时，张某选择了杀死李某再自杀的极端行为。

从这个案例我们可以看出：如果李某注意选择时机，运用策略，悲剧也许不会发生。在张某考研焦虑、无助，甚至绝望的时候提出分手，对他的打击可想而知；而张某选择了极端的手段，选择剥夺他人生命的手段是非理性和残忍的。

（四）婚前同居

现在的大学生思想都比较开放，对于婚前同居的现象基本上都采取认同的态度。尤其对于那些处在热恋阶段的大学生来讲，认为只有双方在一起同居，才能突破双方感情的瓶颈，而且也更能向对方表明自己的真心。事实上，婚前同居会给男女双方带来很大的危害。

第一，恋爱期间的性关系是不受法律保护的，如果有一方，尤其是男方，抱着一种猎艳心理的话，那么另外一方必然在身体上和心理上遭受很大的伤害，并且有一方还可以逃避法律的责任和义务。

第二，婚前性行为鼓励临时的而不是持久的男女关系，把人与人之间的关系降低到动物水平，泯灭了人的责任心和义务感。因为性行为一直被老师和家长忌口的，所以大学生们一旦尝试之后，有些人就会频繁地更换性伴侣，到最后完全把性和爱脱离开。

第三，在同居的大学生群体中，因为经济原因，只能租住一些简易的房屋，卫生环境和隔音效果都不会很好，所以在性生活的过程中精神高度紧张、恐惧，必然会对性生活产生一些阴影，甚至会影响到婚后夫妻之间的性生活质量。

第四，由于卫生知识的缺乏和居住条件的不良，同居的大学生往往不会正确处理性卫生，那么很容易造成女性的泌尿生殖系统的感染，造成各种妇科炎症的发生。这个时期的大学生正处在性驱力旺盛的时期，尤其是男性，必然对性行为的渴望程度非常大，有时会不采取任何节育措施，最后还会造成女生意外怀孕。虽然人工流产在我国的技术已经很完善了，但是因经济有限，很多人去相信那些小诊所，造成流产不干净，多次流产，严重的还会造成不孕症。

第三节　爱是自我成长

爱情是人类高尚的精神体验，是灵与肉的完美结合。对于人生而言，个体心理的成熟也能够正确客观地理解爱情。爱情不同于人类其他的情感体验，它是个体独特的心灵历程，是惊鸿一瞥的心的战慄，更是双方心与心的沟通与交流。爱情不可以被抑制，但爱是上苍赐予个体神圣的礼物，不可滥用。爱情的成本是人生情感成本最高的。正确地理解爱情，才可能与幸福同行。

一、学会爱自己

一个自爱的人是自知的，一个心理成熟的人是自然而坦然地表达自我的。自爱是要成为你自己，而非通过爱情变成他人。"自己若是世界上最好的李子，而你所爱的人却不喜欢李子，那时你可以选择变成杏树。不过经过选择变成的杏子，是次等品质的杏子，只有做原来的李树，才能结出好的果子。如果你甘愿变成次等的杏子，而爱你的人喜欢上等的杏子，你就可能被抛弃，于是只有倾心全力使自己变成最好的杏子或者找回做李子的感觉。"世界上没有两片相同的叶子，更何况人呢？个体正因为存在差异性才构成色彩缤纷的世界。

（一）爱自己首先需要正确的自我认知

特别是女性，更要积极关注恋爱中的自我。有人说"恋爱损伤女性的大脑，降低判断力"，事实上，热恋中男女都会将恋人"理想化"，特别是热恋中快乐与痛苦的心理感受都是放大了的。当处于热恋中时，认为自己是世界上最幸福的人，而失恋后便认为自己是世界上最痛苦的人。固然，恋爱双方强烈而丰富、敏感而不稳定的感情并非异常，但如果陷入情感的幻想中，自我判断、自我评价与自我意识都会发生偏差，有的因为恋爱失去了自我，有的因为恋爱更加自恋，有的因为恋爱更加成熟，其中的差异在于个体对自我的认知。

（二）爱自己要学会珍惜自己的感情，尊重自己的感情

当"新新人类"进入大学校园，以一种反传统、自我贬损、充分的自我张扬的方式凸现其个性，如韩国影片《我的野蛮女友》，靠身体的对抗与争执赢得爱情，受到大学生的喜欢。时尚的未必是永恒的，也未必是正确的。大学生时期的感情纯洁、真诚，这也是将来幸福生活的基础。有的同学因为恋爱而放纵自己的感情，甚至本不是爱情，仅仅为了满足自己生理与心理甚至物质的需求，用青春与爱情赌明天，都不是珍惜感情的体现。

（三）爱自己要学会说"不"

特别是在热恋时，要控制爱情的温度。1994年，美国青年发表了"真爱要等待"的宣言——本着真爱要等待的信念，我愿意对我自己，我的家庭，我的异性朋友，我未来的伴侣及我未来的子女，有一个誓约：保证我的贞洁，一直到我进入婚约的那天为止。这昭示着美国青年个人生活更加严谨，这也是爱自己的重要方面。

（四）爱自己也包含对自己负责

恋爱不是为了让我们放弃自我，而是学会更加负责的生活。这当然也包括失恋后的自爱。一个人只有本着对自己高度负责的态度学习、生活，才能处理好恋爱中的自我与他人、现在与未来、学业与爱情等关系。爱不仅是情人节的玫瑰，也不只是每日的相守，更是守望的美丽与对彼此生命负责的人生态度。

二、学会爱他人

爱自己和爱他人是密不可分的。人们只有认识对方、了解对方才能尊重对方。我们只有用他人的目光看待他人，而把自己的兴趣退居第二位，才能了解对方。爱他人不是无我状态，按照对方塑造自己，也不是将你爱的人塑造成你所喜欢的人。

爱他人包括以下方面：

（一）尊重你爱的人

恋爱既是两人心灵的共鸣，又是自我成长，是使双方积极的潜能发挥，而非按照某种愿望或标准塑造对方，使其成为你希望的那样。事实上，每一份爱情中都包含着期待效应，对方都在向着彼此喜欢的方向发展。这就要求更加尊重你所爱的人，让对方在爱的港湾中自由发展，以他自己喜欢的方式发展自我。

（二）帮助对方积极发展自我

恋爱唤醒沉睡的心灵，积极的恋爱使个体潜在的心理能量得以释放，为所爱的人努力。爱也是积极向上的精神力量，催促着相爱的两个人更好的自我发展，更加努力地自我完善，而非自我束缚、自我放纵。重要的是将爱情引向积极的有利于人类发展的方向。

（三）共同创造美好未来

真正的爱是内在创造力的表现，包括关怀、尊重、责任心、了解等，爱不是一种消极的冲动，而是积极追求被爱人的发展和幸福，这种追求被爱人的基础是爱的能力。正如爱克哈特所说的："你若爱自己，那就会爱所有的人如同爱自己"。

三、理解爱情

（一）爱情是给予，不是得到

大家都熟悉"海的女儿"的故事，美丽的美人鱼为了自己心爱的人牺牲了自己动听的歌喉，用心陪伴在自己心爱的人身边，为了救自己的心上人，最后化作泡沫。

成熟的爱情是在保留自己完整性和独立性的条件下，也就是保持自己个性的条件下与他人合二为一。人的爱情是一种积极的精神力量，这种精神力量可以推动个体创造生命的奇迹，可以推动个体找到人生的目标。爱情是行动，运用人的力量，这种力量只有在自由中才能得以发挥，而且永远不会是强制的产物。恋人将自己的生命给予对方，同对方分享快乐、兴趣、理解力、知识、悲伤等，没有生命力就没有创造爱情的能力。因此，爱情是对生命以及我们所爱之物的积极的关心，爱的本质是培养与创造。

（二）爱是责任

人只有认识对方，才能尊重对方。不成熟的爱情是"我爱，因为我被人爱"，成熟的爱情是"我被人爱，因为我爱人"；不成熟的爱是"我爱你，因为我需要你"，成熟的爱是"我需要你，因为我爱你"。所有的爱情都包含着一份神圣的责任，这种责任不是义务，不是外界强加的，而是内心的自觉，即为自己所爱的人承担风霜雨雪，而不仅是感官上的愉悦与寂寞时的陪伴。

（三）爱是尊重

真诚的爱是建立在双方平等与理解的基础之上的尊重。爱一个人也是爱一份生活，仅仅因为某种需要产生的爱未必能承担爱的责任。因为大学生活的孤单与寂寞，需要异性的呵护，需要被关爱，也需要消磨业余时间，这些都不会是真正的爱情。不在乎明天，只关注此刻的感受，对爱情本身的伤害是严重的。一个从不考虑未来生活的人，他的恋爱注定没有结果；同样，缺乏责任感的爱情没有坚实的土壤不可能枝繁叶茂。尊重就是努力使对方能成长和发展自己，而非剥夺，是让自己爱的人以他自己的方式和为了自己而成长，而不是服务于我。如果爱他人，就应该接受它本来的面目，而不是要求他成为我们希望的那样，以便使我们把它当作使用的对象。只有当我们自己独立时，在没有外援的情况下也能独立地走自己的路，才能做到尊重。

（四）爱是能力

对自己的生活、幸福、成长以及自由的肯定是以爱的能力为基础的，看你有没有能力关怀人，尊重人，有无责任心了解人。利己者没有爱别人的能力。爱的能力不是与生俱来的，也非随着生理成熟而自然形成，而是在社会生活中逐渐成长起来的。这种能力包括施爱的能力、接受爱的能力与自我成长的能力。有人说："好男人是一所好学校，好女人也是一所好学校，由两性构成的学校促使男人与女人共同学习，共同进步"。爱的能力要求恋爱的人始终保持高度理性，而非随着感觉走。

（五）爱是创造

有人说，爱情具有的魔力能够使人开创一个新的自我。爱情是神奇的，爱情不仅能够创造新的生命，而且真正的爱情对恋爱双方都是一个新的创造，它净化我们的灵魂，鼓舞着我们为挚爱的人奋斗进取，创造着两人美好的明天。

第四节　爱　与　性

性，一个神秘而诱人的字眼，一个经常出现在人们脑海中但又不能坦然承认的字眼，一个带给人们不同感受的字眼，它能使人联想到快乐，美好，享受，或者羞耻，紧张，尴尬，不安等许多不同的感受，反映了不同的人对性不同的认识。那么，性究竟是什么？

每个人都可以给性下一个定义，但是就像专门研究物体在时空中变化的大物理学家费曼说他不能回答什么是时间一样，性学家也会告诉我们，性是非常复杂的。

人类的性与其他生物的性也有着区别和联系。

我们可以这样给性一个范围和定义：性是伴随着生命的最基本的本能，它包括性别、性特征、性器官、性功能、性心理、性对象等。

而一般人认为的性，大约就是与异性的接触和性感受了。

一个大三的男生坦诚地说，他现在的性就是对自己的身体感觉。

一个已经有了性生活，对性比较了解了的女孩说，她第一次的性生活只是出于好奇，处女膜破了，流出了鲜红的血，但是她没有什么快感。

一位每天都要约见女友的男士说，性让人冲动和沉溺，有了第一次以后，就会不停地幻想和渴望性生活。

通俗地说，性是一种生命的本能和需要，就像人饥饿了需要吃饭，瞌睡了需要睡眠一样。只是性不必一日三餐，相比人的其他身体需要，它相对来说可以控制。性在青春期里是最为强烈和旺盛的，它要持续到四十岁以后，生命开始衰老了，才逐渐地减弱。

说到底，性是为了生存和绵延隐在每一生物身体里的诱因，它以快感的形式诱惑着生命。它在性别的合作中产生了爱情，在血缘关系中产生了亲情，在社会的其他协作中产生了友情。人类的所有感情，都是生物为了生存和绵延而形成的。

在性强烈和旺盛的时期里，性的外部特征也是突出和鲜明的，女孩子的眼睛会变得清纯、明亮，脸上会涌上红晕，女大十八变就是由此而来。男孩子会长出喉结、胡须，说话的声音变得粗犷有力。男孩女孩都会互相吸引和注意，他们期望接近和喁喁细语，又羞于表达自己。

而在内部，为生育而准备的器官已经开始运转了，女性的卵巢每月掉落下一颗卵子，这些卵子的总数是一定的，每掉落一颗，孕育的机会就会减少一次。男性膨胀的精子也不时地自涌自射，精子的数量比卵子要多很多，这是男性能够随意地撒播他们生命的种子，而女性总是挑来拣去的一个主要的原因。两者也由此形成了很多生命形式的不同。

内部和外部的性，自此就像是大海日夜拍岸的涛声，不停地喧响着，推动着生命。它是人生的动力，推动着每个人去满足自己的欲望，去获得物质财富、社会地位，去得到异性的青睐，然后成家、养育后代，一步步地走完人生的路程，完成人生的使命。

下面详细解析大学生常见的性心理问题。

（一）大学生性心理的基本特征

1. 渴望了解性知识，性意识进一步加强

进入大学，大学生更加积极、主动地关注自我发展，也包括自身的生理与心理。由于家庭教养方式、成长环境及个体差异的存在，对性意识的关注也不尽相同。有的大学新生对性知识的了解较少，渴望通过科学的途径了解自身；有的学生通过自慰性行为解决自身的性冲突；有的学生因性知识匮乏而带来不必要的心理焦虑。

2．性冲动及其释放

性冲动是指由于性刺激引起大脑皮层的活动，产生性欲，再通过大脑皮层向身体组织发出指令。性冲动是一个健康、正常人自然和本能的行为表现。性冲动不一定产生性行为，人可通过意识调控。在心理尚未成熟前尽量减少声、光刺激；不接触黄色、淫秽读物；适时接触性刺激；锻炼理智和克制能力。

3．性冲突和性压抑

一方面，因人类生长趋势，性发育年龄不断提前；另一方面，因学业需要和事业及社会环境的要求，结婚年龄不断推后，出现漫长的"性等待期"。与此同时，日益开放的社会文化既满足了大学生对性的了解与渴望，又使大学生的性的冲突加剧。在繁重的学业任务与就业压力及校纪校规的约束下，大学生的性不可以也不能自由地发挥。事实上，适度性压抑也是社会文明与进步的体现。但性压抑不是一味地压制，而是通过适当的释放、转移、升华得到合理的疏导。

4．渴望性体验

由于性激素的作用，大学生更加渴望得到恰当的性体验，如与异性交往。在男女交往过程中，由于性激素的作用，恋人中双方的亲吻和抚摸都会引起性欲望和性冲动。感情的闸门在巨大的性压力下显得极其脆弱。有的通过自慰性行为如性梦、梦幻想、性自慰加以调节，而有的则通过性行为得以实现。

（二）性心理的困扰

1．关于手淫

手淫是指抚弄自己的生殖器官等性敏感部位以获得性满足的活动。以往对手淫视为不健康的恶劣行径，现在一般较为接受。近年来，随着性知识的普及，大学生对手淫的认识日益科学化，但还存在认识上的误区，也仍有少数学生认为手淫是有害的、不道德的，甚至是罪恶的，因此而产生心理困扰。其典型的心态表现为：其一，"自验预言"式的"手淫有害"。因为认定手淫有害，进而把身体任何部位出现的大大小小的问题都与手淫联系起来，如偶尔的失眠，腰酸腿痛等疲劳感，自己容貌体态的细微变化，某种偶然发生的小病等，用自己的生理体验去"努力"证明"手淫有害"。整日思虑这些问题，将注意力倾向于自身生理上的细微感觉，自然背上沉重的心理包袱，有的甚至还发生了疑病性神经症。其二，消极的自我评价。由于在观念上仍将手淫视为"恶习"，是"见不得人的"，所以认为自己没出息，意志薄弱，与大学生身份不符，因而引起罪恶感、自卑感。这种消极的自我评价，阻碍了有这类问题的学生与他人的交往，影响了他们的自我表现，进而采取自我压抑的处世态度。其三，无休止的联想，乃至强迫性倾向。手淫方面存在困扰的学生，大都想戒除手淫，但手淫所带来的生理快感又使得它实际上很难戒掉，反倒可能"变本加厉"。于是，要不要戒除手淫？继续手淫对今后前途影响如何？对将来恋爱婚姻，乃至夫妻性生活有无妨碍？如此等等的问题，无休无止的联想，反反复复的纠缠，占据了他们思考的中心，而担心、抑郁、忧心忡忡也就成了他们的主导情绪。不仅如此，长时间地处在对手淫的控制与反控制的心理冲突下，还很容易引发强迫性的观念及行为。

摆脱手淫困扰，重在心理疏导，绝非行为控制。国际上通常把手淫名之谓"自慰"。"自慰"一词与"手淫"相比，前者是一个中性词，而后者一词中有一个"淫"字，加上传统上"万恶淫为首"之说，故望文生义，难免带有贬义，自觉不自觉地就将其与"罪恶"、"淫秽"、"不洁"、"下流"等意思联系在一起，给自慰者造成不必要的心理负担。其实，关于自慰在国际上被广泛赞同的意见是：手淫既不是不正常的，也不是对身体有害的行为。其一，手淫是一种合理的宣泄，具有缓解性冲动所带来的性紧张的作用；其二，定期有节制的手淫，能在一定程度上促进新陈代谢；其三，经先进的试验仪器描记，手淫与实际的性生活所引起的身体的种种变化毫无二致；其四，手淫作为性行为疗法的一种手段已然兴起。

手淫既然是无害的，针对大学生产生手淫困扰的不同表现，可以有针对性地采取下列一些措施：

（1）真正树立起"手淫无害"的观念。不少学生虽也认识到手淫在生理上是无害的，但仍然有诸多顾虑。加上一些读物不负责任的危言耸听式的宣传，更加深了这种顾虑。现在教育界虽已基本放弃了手淫有害的观点，但似乎仍然抱着"过度手淫有害"的观点不放，使得不少学生从手淫有害无害的困扰中，又掉进了手淫过不过度的误区。其实，所谓过度不过度根本没有一个可行的"标准"，也根本就不是产生手淫心理困扰的症结所在。

（2）运用森田疗法"顺应自然、为所当为"的原则。手淫不仅是无害的，也是一种自然的需求。有手淫的欲求或手淫时，不要刻意去压制，之后也不要为此感到懊恼，而是坦然接受，该做什么还做什么。结果反倒轻松自然地把注意力转移到其他的事情上去了，这对于改变因手淫而起的强迫性倾向大有益处。

（3）过充实的生活。改变不健康的生活方式，充实生活内容，专注于学习，加强人际交往，包括与异性的交往，发展广泛的兴趣爱好，树立新的生活目标，可以大大缓解对手淫问题本身的关注，因手淫而起的种种烦恼渐渐地也就烟消云散了。

2. 关于边缘性性行为

边缘性性行为一般是指男女之间的拥抱、接吻、相互抚摸、游戏性性接触等性交以外的性行为。它本身具有激发性冲动，为性交做准备的作用。一般来说，女性性欲激起过程较缓慢，也就对边缘性性行为更感兴趣；而男性一般对边缘性性行为要求主动而强烈，但并不满足于此。边缘性性行为也是热恋中的男女青年相互表达性爱情感的动作方式。鉴于边缘性性行为的特点，在大学生中引起心理困扰的原因主要在于：其一，在缺乏心理准备的情况下发生此类行为，容易产生自责与罪恶感；其二，在双方感情缺乏深入发展的前提下发生此类行为，感到勉强，不真实，容易产生耻辱感和不洁感；其三，觉得发生在恋爱阶段的这类行为不够高尚，进而对恋爱成功和相互关系产生怀疑。

对于边缘性性行为引起的心理困扰，需要分析这类行为发生的原因及情形，找到问题的症结。大致说来，要解决以下两方面的问题：

（1）端正认识，破除形形色色的错误观念。作为大学生，异性朋友之间，特别是恋人之间有了一定的感情基础，发生拥抱、接吻、爱抚等行为是真情实感所至，是顺乎自然的，不必为此而苦恼或感到羞耻。不过为了能安心学习，为事业前途着想，适当控制感情的"温度"也是必要的。这方面大多数的大学生都能做到。但也有少数大学生，对于这类发乎情的正常行为有反感，甚至对出自于恋人的也难以接受，结果导致两人之间的感情产生隔阂，甚至恋爱关系破裂。对于这种过分自责和将这类行为看做不洁的观念，应该找出原因，端正认识，积极地加以矫正。

（2）理清恋爱与边缘性性行为之间的关系。大学生由于文化层次较高，边缘性性行为所带来的心理困扰更多地发生在其与恋爱的关系上。有的简单地以为，一旦发生了拥抱、接吻等行为也不管当时实际情况怎样，就标志着恋爱关系的确立；有的疑心重重，反复纠缠如何分辨、验证对方是否出于真情实感的问题；有的一旦出现感情纠葛或可能分手时，就反复考虑发生这类行为的情况，产生一系列心理上的矛盾与冲突；还有的似乎对恋爱中的这类行为感到"索然无味"，不能产生激情，对恋爱的意义感到茫然。对于这种种的困惑，关键是要理清恋爱与边缘性性行为之间的关系，学生的恋爱是一个较为漫长的过程，成功的恋爱过程应该是能够让自己体会到自身的成长与进步的，它并不单指某个特定的恋人，更不仅仅意味着某种特定的边缘性性行为。因此，对于大学生来说，恋爱期间更重要的事情是，如何达到志同道合，共同创造一个丰富、充实的内心世界，这样也就不至于因边缘性性行为这样的问题而陷入困惑，难以自拔。

3. 关于性交行为

前述的调查显示，大学生发生性交行为虽是少数，但也不是个别现象，而发生的原因则较为复杂。大学生发生性交行为的特点有：一是突发性，往往是在无心理准备的情况下突然发生的；二是自愿而又非理智性，大学生已经成人，较少为别人胁迫，大多是在双方自愿而又不理智的情况下发生性行为；三是反复性，由于年龄和观念的影响，一旦冲破这一防线，便不再过多顾虑，还会多次反复发生。

【案例】

这是一位女大学生的求助信：我是刚刚进入大学认识他的。他是我的老乡，在我初次离家孤独时给予我太多的安慰与帮助，不知不觉我陷入了恋爱之中。随着交往的深入，我们的恋爱也不仅限于精神层次的交往，彼此从身体上渴望接纳对方。于是在某一个晚上，我们有了第一次。虽然我们还在恋爱，可每次在一起我总会想到性，我感到恐慌，经常觉得所有人都知道我们的事，睡眠障碍、上课注意力不集中、产生性幻想等。现在我也陷入深深担忧中，如果今后我们分手怎么办？我真不知道如何面对。

这是典型的因为婚前性行为造成的内疚与自责，心理无法摆脱自责的感觉。当欲望的潮水袭来时，要用理智战胜脆弱的情感。儿童心理学曾做过"延迟满足"的实验，告诉被试者如果选择等待，将能够获得更多的奖赏，比如糖果，而即时满足只能获得极少的奖赏。随着年龄的增长，儿童会主动选择延迟满足，对爱情中的性也是合适的。只有学会延迟满足，才能为将来生活打开一扇幸福的大门。对此，从实际来看，应着重解决好以下方面的矛盾：

（1）观念与行为的矛盾。一方面，发生性交行为的大学生，有相当一部分是受到了西方"性自由、性解放"观念的影响，不假过多思索就发生了这种行为；但另一方面，事发之后，传统的贞操观又冒出来"作祟"。这种矛盾在女生中表现得特别突出。据调查（秦云峰，弘扬，1999），女大学生与男朋友有过性交关系后，有一半想嫁给对方，可只有只有10.8%男大学生想跟自己有第一次性行为的女性结婚。显然女生其实深受"从一而终"的封建观念的影响。从咨询实际来看，由于这种观念与行为的矛盾没有处理好，极易造成心理上的不平衡，弄得自己不知所措，背上沉重的心理包袱。

（2）理智与情感的矛盾。对于已发生性交行为的大学生而言，一方面，可能因为自责或怨恨对方，顾及名声，担心怀孕等原因，理智上不愿再做这种事；但另一方面，既已冲破那道防线，对性的需求可能变得难以自控。在这种矛盾之下，当事人不仅因为当初的年轻草率之举而后悔，又因为对这种行为的失控而谴责自己，内心懊恼不已。

（3）精神与肉体的矛盾。人类的性爱本应是精神与肉体的完美和谐的统一。但对于大学生所处的这个特定的恋爱阶段而言，恋人之间保持一定的神秘感有利于双方精神的探索与追求。如果一开始就是肉体上的亲热，往往意味着精神探索之门的关闭。从咨询实际来看，一些学生原以为两性生活很神秘，现在尝到滋味了，觉得也不过如此；或者"亲热"完了，感觉特烦，看对方哪都不顺眼。因此，是追求恋爱的精神价值，还是贪图两性的肉体享乐，这个矛盾也现实地摆在了这些学生的面前。

对于因性交行为而产生的上述几方面的矛盾，摆脱心理困扰的关键还在于如何看待这种行为上。对此，我国现实的学校性教育基本上仍是采取回避的态度。应该说，从大学生自身发展、道德纯洁和身心健康等方面来考虑，轻率地发生性交行为是不可取的；但如果已经发生了，张皇失措，甚至自暴自弃更是不可取的。"性"本身是不可耻的，只要及时调整心态，把两性关系的重心放在爱情的培育和事业的发展上，共同努力，就能在不断取得的进步中找到生活的支点。

总之，大学生健康的爱情观是日后幸福生活的基点，目的是与大学生共同探讨恋爱的话题，希望青年大学生能够从更开阔的视野思考人生，思考爱情，思考生活，更加积极、主动、自信地面对今后的人生。

【学习与思考】

1. 爱情的实质是什么？你觉得真正的爱情是什么样的？

2. 你觉得在大学期间谈恋爱是否合适，为什么？

3. 谈恋爱时，如果遇到困扰，你一般都会用什么方式来调节自己的心情？

第十章　大学生网络心理

在信息网络高速发展的今天，大学生不仅应具备收集信息的能力，更应具备分辨信息价值的能力，并学会利用信息、发布信息。科学合理的网络交往对于当代大学生起着积极的作用，但是由于过度使用网络而造成的负面效应也屡见不鲜。部分大学生因过度使用网络而引起了人际交往问题、网络依赖心理，严重影响了其身心的健康成长。通过本章的学习，我们要认识到网络对我们的利与弊，学会正确使用网络而不沉迷于网络。

第一节　网络交往

一、大学生网络交往的渠道

随着互联网的普及，网络互动服务也得到了飞速的发展，网络交往在这种大背景之下应运而生。对于网络交往迄今为止有各种不同的解释，不同的研究者有着不同的定论。普遍认为网络交往就是基于数字网络通信技术，通过数字化信息进行各种信息交流，从而实现人与人之间信息、情感、物质的交互活动。

网络交往是随着互联网的普及和其所提供的社会互动服务功能而产生的。当前网络技术日新月异，各种各样新奇的网络交往方式层出不穷。比较流行的交流方式主要有腾讯 QQ、淘宝旺旺、BBS、E－MAIL、聊天室、博客、微博、SNS、虚拟社区、网络游戏等形式，可以满足人们信息沟通、情感满足、电子商务和休闲娱乐等需要。

二、大学生网络交往的特点

网络交往主要是指人与人之间通过计算机网络为媒介，利用数字化软件进行人际交流的行为，其与传统的面对面人际交往相比有着截然不同的特点。其区别主要体现在以下 4 个方面：

1. 网络交往的匿名性

彼得·施泰纳曾经说过，"在互联网上，没有人知道你是只狗"。其实从这句话我们就能完全理解到匿名性这一特点。在网络交往过程之中，用户凭借着一个代号或者昵称来代表自己的身份，而这些虚假的身份就可以完全或部分隐匿个人真实身份。网络人际交往都是建立在这些代号或者昵称的基础之上，甚至于在现实生活中面对面时也会使用网上的代号或昵称进行称呼。匿名性和匿名行为已经俨然成为网络社会建立的基础之一。在网络世界中，大学生可以轻易地隐藏自己的真实身份，选择自己想扮演的任何角色，打破现实社会的种种束缚，消除人际交往的紧张感。当人们在网络世界中以匿名的方式进行网上交往时，无须担心会给自己带来什么影响，没有现实社会中人际交往所面对的各种压力。网上的人际交往比现实社会显得更加直接，交往中受道德、伦理、风俗、等级差别等因素约束的行为过程被简化了，人们往往直奔交往的主题。在网络交往中，人们在现实生活中不敢表达的情感或话都会更加强力地表达出来，会更加大胆、热烈地表达自己对他人的感情；在这里可以没有国界、地域等具体的地理位置限制，可以忘却身份、外貌等现实的客观条件，给人的想象插上翅膀，或去寻找在现实中寻觅不到的东西。

2. 网络交往的平等性

由于互联网在建立初期就已经确立一个没有中心点的雏形，这就意味着每一台电脑都是互联网的一部分，互联网就是由无数的电脑搭建而成。在互联网上，没有哪一个国家或组织能够完全控制互联网的信息服务。所以在这样一个没有国界、开放的平台之上，无论你在现实生活中是何等的身份显赫，在网络上你不过是一个虚拟的代号而已。在网络上，人人都是平等的，没有人会拥有任何特权，同时也不需要承担任何义务和责任。在人们眼中，网络就是一个"自由、平等"的世界。而正由于这一特点，从而导致无政府主义在互联网上泛滥。

3. 网络交往简化社会性和规范性

在现实人际交往中十分看重的身份、职业、金钱、容貌、家世等交际主体的社会特征和社会地位，在网上的人际交往中可以全然不顾；在现实交往中要遵守的一些社会规范，在网络交往中也不必遵守，只要按照网络技术要求去操作，就可顺利完成网上人际交往。这种弱社会性、弱规范性的网络人际交往，容易使一些人暂时摆脱现实社会诸多人伦关系的束缚和行为的约束，甚至放纵自己的道德行为规范，从而造成非人性化的倾向。

4. 网络交往动机多样性

异性间的情感交往是大学生网上交往的"主旋律"。异性效应在网络交往中不仅存在，而且表现得很明显。不少人上网聊天、浏览的潜在动机在于寻找异性，在追求休闲娱乐和心理享受的同时，也有很多人抱有相机觅友和调情的目的。交流往往是从"是男的，还是女的"开始。

三、大学生网络交往的优缺点

许多研究表明，网络交往对大学生的发展是利弊并存的。这是网络自身的技术特征决定的：第一，自由、无拘束、开放为大学生提供了没有约束和限制的自由环境。第二，网络增强了大学生的人际交往手段，为大学生提供了便利条件。第三，网络内容的无限丰富性和选择的自主性。最后，虚拟社区和网络游戏为大学生提供了角色扮演和极大的生活体验。

网络交往对大学生有着积极的影响：促进了大学生思想观念的开放；增强了大学生独立自主意识的发展；拓宽了知识来源，提高了大学生的学习能力和创新精神；有助于增强大学生的民主、平等意识；使大学生有更大的空间来构建自我，展现自我的每个方面，从而建立自我同一性；使大学生拓展交际范围，增进友谊和亲密关系；使大学生能更加合理地进行职业规划。

而网络交往的时空无限延伸及匿名性的特点，使得个别大学生在现实生活中不能满足的人际交往的需求动机及群体归属需要在此能够得以实现，使得个体对网络交往和网络社群的依赖心理加大，并导致恶性循环，网络依赖症状不断加重。同时，当代大学生具有强烈的自尊和自我实现的需要时，也极易使他们沉溺于网络虚拟的优越感与成就感中，产生心理上的依赖。《Inter网：青年大学生"温柔的陷阱"》一文指出互联网在青年大学生思想意识、价值观和生活方式、人际交往的简单化和片面化、诱发破坏欲望等四个方面给青年大学生的成长和发展带来消极的影响。

互联网改变了大学生人际交往的方式，使人与人之间的交流变成了人与机器之间的交流。一方面，交往不是人与人之间面对面、实实在在的，大学生如果长时间与电脑相处，会使人际关系淡漠，人际距离疏远，造成人际情感的逐渐萎缩，容易使人产生孤独、苦闷、压抑等情绪；另一方面，由于互联网传播不良文化的渠道不易控制，网上经常出现虚假信息和不道德行为，往往难以形成真诚、可信和安全的人际关系，因而容易产生多疑、恐惧、防范等心理，甚至产生心理疾病，严重的会导致心理变态。

第二节　大学生网络心理及其调适

今天，网络已经成为大学生活不可或缺的部分，与之相关，大学生上网的心理动因及网络心理障碍都应引起足够的关注。

一、大学生上网心理

从整体上了解大学生上网心理，是开展大学生网络心理健康教育的重要前提。我们从整体上将大学生上网心理分为积极的心理需求与消极的心理需求。

（一）积极的心理需求

1．强烈的求知欲与好奇求新心理

互联网以其信息快、内容新、手段先进等优势极大地吸引了大学生的好奇心，引起了他们的特别关注和兴趣，激发了他们学习和掌握网络知识和应用技能的欲望。

2．自由、平等的参与意识与自我实现欲望

网络平等、自由的氛围吸引了当代社会中对自由、平等呼声最高的大学生群体。在网络这个虚拟空间里，种种现实社会的限制都消失了，只要参与进来，任何人都是互联网的"主人"，都可以在网上按自己的意愿和口味虚拟社会，做自己想做的事。

3．追求开放性和多元性

网络是一个开放的信息源，各种文化、思想、观念都可以在这里争鸣。这就为大学生追求开放性和多元性的文化、观念提供了平台。

（二）消极的心理需求

1．猎奇心理

很大一部分大学生上网的目的是猎奇，追求感官刺激，追寻一种在现实生活中难以了解、通过正当渠道难以获得的奇、艳事物或信息，并借以获得感官刺激。他们往往会出于好奇或冲动的心理刻意去寻找一些色情、暴力信息。

2．排遣寂寞心理

大部分高职学生选择读高职院校是出于无奈，他们无法平衡理想与现实的差距，于是一进校就开始觉得生活无聊，失去动力，迷恋网络。他们希望在网络中找到依靠和思想寄托，很多学生因此开始玩开心网里偷菜、抢车位的游戏，以期在每天的虚拟劳作中找到寄托，排遣寂寞。

3．发泄情绪心理

在互联网上，大学生们可以比在学校里、家庭里更随意地发表自己的意见，抒发自己的爱与憎，表达自己的观点，而不必担心会受到限制或承担责任。平时对学校不敢提、无处提的意见可以贴到 BBS 上去，平时在生活中遇到的烦恼则可以在聊天室里尽情抒发。

4．逃避现实的解脱心理

大部分学生在大学生活中都会遇到这样那样的挫折和危机，诸如学习的、感情

的、人际关系的。同时，复杂的社会生活也会使思想相对不成熟的青年学生感到难以应对。但遗憾的是，部分学生在现实中受挫时，往往愿意到虚幻的网络空间去倾诉，互联网成了他们逃避现实、寻求自我解脱的一个良好的渠道和环境。

5. 虚拟的自我实现心理

强烈的自我意识是大学生群体的一个显著特征，虚拟的网络可以成为大学生实现自我的一个理想王国。在网络上，大学生可以享受到其特有的平等、自由、成功、刺激的感觉，学习与就业的压力、社会与家长的希望造成的心理上压抑与孤独，在网络上一扫而光；他们可以突破社会及他人对自己行为的匡正与评价，轻松地实现从小梦想成为的侠客、富翁，可以在模拟战争中指挥千军万马搏杀疆场……部分大学生上网玩游戏，是为了在游戏获胜后有一种成就感。这是因为网络游戏能够部分满足他们的自我实现需要。

6. 焦虑心理

一方面由于网络技术的迅速发展，使大学生担心自己的知识更新赶不上网络的发展，被新技术淘汰，而产生心理焦虑；另一方面，网络通道拥挤，传输速度缓慢，网上人际关系的不确定性与隐匿性、内容庞杂无序和良莠不齐、访问速度太慢等缺陷，使大学生上网者无所适从，连连"碰壁"之下产生焦虑心理。

7. 自卑心理

自卑是因不信任自己的能力，而用失败衡量自己及未来的一种心理体验，它来源于心理上消极的自我暗示。这种心理常见于那些初次尝试的大学生，当他们怀着兴奋与好奇的心理来到网上，但由于缺乏系统的网络知识和检索技能，操作不熟练，英语水平有限，与身旁那些操作娴熟、进出自如的用户相比，差距甚远。在羡慕的同时会产生出某种无形的心理压力，初始的兴奋、喜悦之情自然被自卑心理所代替。

二、网络心理障碍与调适

网络心理障碍是指因无节制的上网导致行为异常、人格障碍、交感神经功能失调。其表现症状为：开始是精神上的依赖，渴望上网；随后发展为身体上的依赖，不上网则情绪低落、疲乏无力、外表憔悴、茫然失措，只有上网后精神才能恢复正常。大学生网络心理障碍大多数表现为感情上迷失自我、角色上混淆自我、道德上失范自我、心理上自我脆弱、交往上自我失落，主要分为五类：网络恐惧、网络依赖、网络自我迷失与自我认同混乱、网络孤独、网络成瘾综合征。本章着重阐述网络依赖。

(一) 网络依赖的概念和判断标准

随着互联网与现实生活结合得更加紧密，网络已经成了人们生活的一个主要部分，甚至成了全部。网络突然断了，你会觉得心烦意乱吗？如果几天不上网，你会觉得空虚，会觉得生活欠缺点东西吗？

网络依赖主要是由于重复的网络使用所导致的一种慢性或周期性的着迷症状，并带来难以抗拒的再度使用的欲望；同时还会产生想要增加使用时间的张力与耐受性、克制、退瘾等现象，对于上网所带来的快感会一直有心理与生理上的依赖。以上理论是台湾学者周倩根据世界卫生组织的定义衍生而来的概念。网络依赖往往会让人忽视学业、家庭、现实社会交往，甚至影响自我健康。美国 Kimberly S. Young 提出判断网络依赖的 10 条标准：

（1）下网后总念念不忘网事；

（2）总嫌上网时间太少而不满足；

（3）无法控制上网的冲动；

（4）一旦减少上网时间就会焦躁不安；

（5）一旦上网就能消散种种不愉快；

（6）上网比上学做功课更重要；

（7）为上网宁愿失去重要的人际交往和工作、事业；

（8）不惜支付巨额上网费；

（9）对亲友掩盖频频上网的行为；

（10）下网后有疏离、失落感。

以上标准只要满足 5 条就可以判断为网络依赖。

（二）产生网络依赖的原因

网络吸引之处在于这种计算机媒介交流中所隐含的不同的交流模式，而使用网络社会功能的大学生比其他大学生表现出更多的网络使用问题。特别值得注意的是，过度依赖网络的大学生更多地将网络用于寻找感情支持、与其他人交谈、参与高度社会性的互动游戏。经过研究发现，网络独特的人际功能与网络依赖相关。出于交友动机的网络交往的大学生表现出较强的网络依赖特征，尤为突出的是容易出现时间管理问题。游森期认为大学生网络依赖高危险群上网时间较长，在聊天室、虚拟社区、网络游戏以及色情网站上的使用时间显著高于一般网络使用者。朱美慧认为，虚拟社交即利用网络来逃避现实生活的人际关系的不协调及不适应是影响网络依赖倾向的最大因素。韩佩凌的研究发现，大学生网络沉迷者较常使用电子邮件、聊天等网络交往功能。美国斯坦福大学心理研究协会的一份报告指出，在每周上网超过5 小时的人中，有 1/4 的人表示他们与家人和朋友在一起的时间减少了。该大学的学者诺曼尼认为，人们花在网上的时间和他们的网下人际交往时间成反比，这就引起了朋友的埋怨，给朋友关系带来影响。

大部分产生网络依赖的大学生，主要还是因为在现实中很多同学存在人际交往困难，而在虚拟网络中没有这种交往障碍，能够获得日常生活无法得到的满足感。在网络虚拟世界里，大学生不需要面对现实中的挫折，不需要接受社会规范和其他人的监督，可以随心所欲地宣泄情感。导致越来越多的大学生长时间沉迷在网络之中，造成心理上出现了问题。

(三) 网络依赖的危害

当今大学生寒窗苦读二十年，最后却因为沉迷网络虚度年华，断送了自己的前途。网络依赖对大学生的危害不仅体现在学业上，还会在生理、心理、道德和人际交往方面给大学生带来严重的危害，不少大学生甚至走上了违法犯罪的道路。其主要危害方式有：

1. 人际交往能力减退

迷恋网络，会占用现实生活中大量有效时间，从而使得学习时间减少，学习兴趣下降，与老师、同学之间的交流、沟通日益减少，逐渐出现人际关系障碍，产生自闭倾向。另外，这部分大学生的个性特征在人际互动中常表现为：不尊重他人，以自我为中心，过于功利、过于依赖、猜疑、自卑、敌意、偏激、退缩、内心不合群等。

2. 引发大学生心理畸形

过度依赖网络，使大学生对现实世界产生了深深的隔膜，促使他们远离人群，逃避社会，希望躲入虚拟的网络世界寻求庇护，促使其发生一种社会适应不良。有些大学生因为沉迷网络游戏，养成了贪婪、奢侈的不良品质。现在的大学生中独生子女居多，原本就与他人缺乏沟通，如果沉迷网络，会更加缺乏人与人之间交流，容易引发性格上的孤僻、冷漠、怪异和暴躁等心理问题，产生自闭倾向，让他们更加沉默寡言。

3. 现实生活角色的混乱

美国 Kimberly S. Young 通过研究发现，因为在网络游戏中人可以扮演不同角色，所以青少年通过网络游戏可获得现实生活中不能够获得的社会支持，满足各种情感体验。但是，青年大学生过度沉溺于网络游戏中虚拟的角色，更容易迷失真实的自我，将网络上的规则和体验带到现实生活中，造成角色的混乱。主要表现为：混淆虚拟与现实，导致错误认知；过分侵犯虚拟角色，导致转化为现实行为；围绕"角色"物品和账号衍生出新形式的违法犯罪行为；对消极的人性欲望的蛊惑，成为严重暴力犯罪的潜在诱因，等等。

4. 促使大学生人格异化，诱发犯罪

目前，大学生因为长时间浸泡在网络之中而诱发的道德失范、行为越轨，甚至

违法犯罪的问题正逐年增多。研究表明，有网络依赖特征的青少年，其人格产生偏移，心理健康水平偏低。特别是在大学生网络生活中，网络游戏占据了70%的网络交往比重。而当今的网络游戏大多以"战争，争斗，死亡"为背景，长期玩飙车、砍杀、爆破、枪战等游戏，火爆刺激的内容容易使沉迷于其中的大学生道德认知低下，将现实生活与虚拟世界相互混淆，误认为这种通过伤害他人而达成目的的方式是合理的。一旦形成了这种错误观点，部分大学生为了满足欲望，便会不择手段，铤而走险，采取欺诈、偷盗、抢劫和斗殴等手段。长此以往，容易使大学生淡化现实社会的规范，人格发生明显改变，失去朋友和家长的信任。

5. 严重影响学习、生活质量

大学是相较高中阶段更为开放的社会，大学生大部分时间是由自己进行安排，主要是依靠学生的自我学习意识进行自我管理。然而对网络过度依赖的学生往往会把大量的时间用在网络交往之中，逐步沉迷其中，经常发生通宵上网、上课迟到、逃学、厌学、废寝忘食等现象，从而导致睡眠严重不足，学习效率低下，还会产生焦虑情绪，最终可能荒废学业。

6. 浪费金钱，增加家庭经济负担

大学生作为没有经济收入的社会人群，经济来源主要来自于家庭。在网络交往过程之中，费用是不可能避免的问题，部分学生沉迷网络游戏，其产生的费用日积月累，无疑将大大增加家庭的经济负担。现在的不良网络游戏企业多采取急功近利的方式进行敛财，一件装备或者道具往往需要数百甚至数千费用，有些大学生为了得到梦寐以求的装备或者道具，铤而走险，最终走上了违法犯罪的道路。经调查发现，网络游戏成瘾的大学生欠学校学费的比例相对较高。大学生没有经济收入，部分学生为玩网络游戏只好节衣缩食，对其身心也是一种摧残。

【案例】

王某是某独立学院大二的学生，长相可爱，性格外向，讨人喜欢。从大一开始逐渐接触网络，并开始网络交往，热衷于网络聊天。渐渐和一个网上认识的男生刘某聊得投缘，从简单的网上交流逐渐发展到在现实生活中见面。经过几次相见，王某觉得刘某简直就是自己心仪的对象，于是发展成了情侣，由此网恋变成了现实中的恋爱。随着相处的时间越来越长，刘某的陋习逐渐显露，王某发现他还在网上和其他女生谈情说爱。当她发现刘某一直欺骗她时，内心很难接受如此现实，慢慢地变得沉默寡言、抑郁，完全无心做任何事，甚至产生了轻生的念头。

王某正是由于将虚拟与现实混淆在一起，不能正确分辨事物的本质，忽略了网络本身所存在的匿名性和多样性。她将自己的感情交给了一个内心所勾勒出来的并不存在的人，通过长时间的相处后，发现此人并非自己所幻想的那样优秀，只是徒有其表而已。给王某造成更严重打击的是她发现该男生欺骗了她的感情，从而造成了更为严重的心理障碍。再从刘某的角度进行分析，他通过虚拟的网络对女生实施感情欺骗，从一个侧面反映出他在现实生活中是一个存在自卑心理的人。由于网络上的不良信息和错误的伦理观念，使得刘某错误认为网络上的欺骗相较现实中的欺骗行为承担的责任更少，甚至不用承担责任。网络的匿名性使得广大青少年随意幻想、过分自信、以自我为中心。有些男生幻想自己是白马王子，有些女生幻想自己是万人迷，长期处于错误的幻想状态就是病态心理。

当代大学生对社会上很多事情的认知还处于一个初级阶段，对错与对还缺乏正确的判断，很容易将虚拟世界中错误的观念带入现实生活中，但是现实生活是充满挑战的，没有付出很难有所收获，而网络交往中的一些特性导致大学生急功近利，梦想一夜成名。希望越大失望越大，很容易导致其不能正确面对挫折，从而导致心理障碍。因此大学生更要多在现实中交朋友，正确认识网络交往，通过集体活动、社会活动开阔自己的眼界，不要仅限于虚拟网络中狭隘的世界观、人生观，要树立正确的人生理想，有目标才会有前进的动力。

三、网络依赖的心理调适

要做好大学生网络依赖预防工作，加强学校、社会、家庭三方面的联系，构建好主体教育与监督体系。大学生网络依赖的治疗应该从生物、心理、社会三方面着手综合治疗。

（一）树立正确的网络认识

防止大学生沉迷网络，大学生自身是关键。人类要对自己的行为负责，大学生也应该对自己的行为负责。上网要有目的性和时间性，切忌盲目性和随意性。当代大学生要有高尚的情趣，以学业为主。上网的目的应该是为了更好的学习科学文化知识，不要把上网作为逃避现实生活问题或消极情绪的工具，大学生的课余活动应以能提高自身身体与心理素质为方向。网络是新生的事物，大学生应该在教师的指引下去探索网络知识。性格内向的大学生应该迎难而上，积极进行自信心的训练，以积极的心态去克服自卑、敏感等不合群心理，避免采取不合理的倾诉方式，如网络游戏。理想是青年的脊梁，但对理想的追求是具体体现在日常活动中的，而不是体现在虚拟世界中的。大学生应将个人奋斗与社会发展相结合，并具体落实到学习、生活的安排上。大学生只有树立了正确的网络认识，才能正确地使用网络，通过网络获取到需要的资源，帮助其准确的把握自我，规划属于自己的未来。

（二）加强自身的心理品质和控制力

对于一个人来说，只有自律才能既充分体现其自尊、自主与自由，又充分培养其自我控制力，养成良好的"慎独"习惯。在网络社会里，由于信息含量十分巨大，各种文化与价值理念交织纷纭，各种论断莫衷一是，各色诱惑比比皆是。网络社会又是一个充满自由的多彩世界，大学生会因认知偏差或侥幸心理而产生心理困惑与矛盾，以致产生各种各样的网络心理问题。在缺乏较强他律或几乎难以感受到较为直接的他律影响力的网络社会，自律的重要性与意义显得尤为突出。大学生只有充分认识了这一点，才能以理性取代任性，以道德化的网络正常运作取代肆意践踏网络资源的行为，这些都需要大学生们至善的自我约束和控制意志。

（三）适当的心理咨询和辅导

开设网络评价方面的课程，引导学生正确对待网络，提高对网络的心理控制能力。加强心理疏导，充分发挥高校心理咨询的重要作用，指导有网络依赖的大学生合理安排好课余活动，帮助他们尽快走出困境，回到正常的生活与学习中来。加强心理辅导，培养大学生情商和责任感，教育他们感激父母的养育之恩、老师的教诲之恩，使他们成为知责任、负责任、诚实守信的人。

积极组织丰富多彩的课外活动。多让学生参加积极体育活动、文艺活动、社会实践活动，培养多样的兴趣特长，扩大学生的生活视野。培养良好的人际关系，加强与同学间的交流和沟通，有助于防止过度使用网络。此外，辅导员要多和学生接触、交流，主动了解其学习、生活情况，多鼓励他们参加集体活动。集体活动可以增加与同伴的交往和接触，提高人际交往能力，还能锻炼意志力、自我控制能力等，从而使心理得到健康发展。

近年来，随着网络依赖问题研究的深入，心理学家和心理咨询工作者发现，通过团体咨询这一方式可以有效地治疗网络依赖。团体咨询是在团体情境下进行的一种心理咨询形式，通过团体内人际交互作用，促使个体在交往中通过观察、学习、体验，认识自我、探讨自我、接纳自我，调整改善与他人的关系，学习新的态度与行为方式，以发展良好的、适应的助人过程。与过去传统的一对一的个体咨询相比，团体咨询更有利于治疗网络依赖。团体咨询具有以下特点：首先，团体为依赖者提供了一个相对安全的环境；其次，依赖者在团体中可以获得归属感；第三，团体成员之间可以互相交流学习。另外，在团体中通过助人与自助也可增强依赖者的自信心和成就感，帮助其注意到自身的优势和力量。团体咨询的小组成员人数以 6～8 名为宜，由一位或两位咨询员主持，通常每周会面一次，每次的会面时间为 2 小时左右。在小组内，通过自省、谈论等方式帮助依赖者找出造成过度使用网络的具体原因，了解其上网行为；通过丰富多彩的集体活动，让依赖者体会到现实中人际交往的乐趣与重要性，并练习社会交往的技巧；同时教给依赖者一些有效的控制上网行为的方法，帮助其逐渐摆脱对网络的依赖。目前在国内已有研究者将团体咨询应用于青少年网络依赖者。研究发现，经过约 3 个月的团体干预，依赖者在生活无序感、心理防御机制和人际关系方面均得到了显著改善，而这三方面与网络依赖都有显著关系，依赖者对网络的依赖也有大幅度下降。还可以利用互联网保密性好、方便快捷、覆盖面广的优势，开设网上心理咨询服务。我们也可以将心理健康工作的范围扩大化，让广大大学生群体有更好的途径得到积极的心理咨询和辅导。

另外我们还可以从以下方面减少自己对网络的依赖：

第一，养成良好的作息习惯。在课余积极参加集体活动，认识到网络可以使生活更加丰富，但是不能指望依靠网络逃避现实来解决问题，更不能将其作为克服消极情绪的工具。在上网之前要有明确的任务和目标；不宜过度卷入网络，保持良好心态；用积极的心态来面对现实中的困难，加强人际沟通。

第二，加强人际交往。良好的人际关系是学生顺利实现社会化的重要途径，高职学生如果整天沉迷于网络游戏，就会更加缺乏人际交流的能力，并有可能埋下悲剧的种子。如何处理学业压力和人际关系，如何面对挫折和困难，如何寻求心理平衡、找回自信等都是非常重要的内容。因此，培养良好的人际关系，加强与同学间的交流和沟通，有助于防止游戏成瘾的产生，避免迷上网络游戏。为此，尽可能多地参加和开展文体活动、社会实践活动等，加强与社会之间的接触、交往，建立健康人际关系。积极参加学校开展的各项活动，充分利用校园网、广播站及各种刊物进行网络知识的学习和道德教育，营造积极、健康向上的心态。

第三，采用厌恶疗法。网络成瘾者可以想象自己上网成瘾后的种种极端后果，如成绩下降、被大家看不起、被别人羞辱、对不起自己的父母和亲人等，在瘾发时让"理想自我"与"现实自我"进行辩论，让内心的道德感、责任感与罪恶感、失败感斗争，从而从感情上战胜自己，痛下戒除网瘾的决心，增强自己的戒网动机。还可以让网络成瘾者在有了想上网的念头时反复自我暗示，如"不行，现在应该学习，等周末再说"，"我一定能行"，"我一定能戒除"。每当抵制住了诱惑，认真学习，度过了充实的一天后，就进行自我鼓励，如"今天我又赢得了一次胜利，继续坚持，加油"。这样不断强化，形成良性刺激，加强自己的意志，使上网的欲望得到抑制。

第四，自我奖惩法。自我奖惩法即视当天的进展情况而给自己一些小小的奖励或惩罚，但应注意其使用的内容应最好与上网无关。奖励和惩罚既可以由成瘾者自己执行，也可以请老师、同学、家长协助执行。如，当目标执行无误，就奖励自己吃一样喜欢的零食或买一件喜欢的东西，否则长跑 1000 米或做清洁等。还有放松训练法。为应对戒网中瘾发时出现的紧张、焦虑、不安、气愤等不良情绪，采用肌肉放松法、想象放松法、深呼吸放松法以稳定情绪，振作精神。还有一种方法是想象满灌法。想象自己上网成瘾后的种种极端后果，如成绩下降、被大家看不起、被别人羞辱、对不起自己的父母和亲人等，想象自己长时间上网后萎靡不振的颓废样子，让自己厌恶"现实自我"的形象，并用"理想自我"激励自己。

【学习与思考】

1. 当产生网络依赖时，我们自身该如何调节？

2. 你是如何看待网络交往的利与弊的？

3. 讨论一下大学生应该如何正确地利用网络提升自己。

第十一章　大学生就业心理

职业是一种相对固定的，体现了社会分工的，并要求工作者具备一定技能的劳动。在现代社会，职业是一个人一生重要的工作经历，它不再是简单的个人寻求糊口和温饱的手段，而是一个人寻求自我发展、自我实现的现实途径。特别是伴随着现代科技的高度发达、分工的日益精细、用工体制的变革，青年的择业观念已经发生了很大的变化。青年们不再向往那种稳定而无创造性的职业，不再固执于那种从一而终的工作态度，不再围于一种工作。职业，特别是职业、职位的变动，不仅是青年们实现工作理想的整个过程，更是他们不断调整、不断适应、不断提高，最终找到适合自己发展位置的过程。对大学生而言，求职择业是他们人生的必经之路，是他们人生真正的开始。选择适合自己的职业，充分发挥自己的潜能，是每一个有进取心的大学生梦寐以求的事。但是，选择职业是人生道路上面临的一次重要抉择，将会遇到比以往任何时候都严肃的课题、复杂的矛盾和深深的困惑。通过本章的学习，我们将在面对选择与被选择以及竞争日益激烈的就业市场时，能充分做好职业心理的准备。

第一节　大学生就业心理分析

随着毕业生分配制度改革，市场机制在毕业生资源配置中发挥着越来越重要的作用。毕业生需要自主择业，就业市场竞争激烈。独立学院毕业生就业的成功与否，不仅取决于其专业能力、道德素养、文化素养等方面，同时也取决于毕业生的就业心理状况和心理调适能力。我们将通过对独立学院大学生就业心理的分析，使毕业生了解影响就业的心理因素，积极做好就业心理准备，及时调整不良的就业心态，帮助毕业生在就业市场实现顺利就业的目的。

一、影响大学生就业心理的因素分析

毕业生的就业心理是指大学生在毕业前后因就业问题而引发的心理活动，它的

产生与发展变化受到主观、客观两方面因素的影响。

（一）主观因素

1．生理状况和心理发展水平

毕业生的年龄大多在 23 岁左右，生理发育已经成熟，心理还不够成熟。就生理方面来说，由于用人单位在招聘员工时，对于应聘人员的性别、身高、健康状况等有所要求，同时职业本身的性质对从业者的生理状况也有限制，如招警考试要求应试者的视力在 1.0 以上，色盲者不宜从事需要色彩辨别的职业等。因此生理因素对就业有一定影响，从而影响到求职者的心理。

心理发展水平主要表现为个体的心理过程，包括一个人的认知、情绪情感和意志三个方面，如感知能力、记忆力、分析能力、逻辑思维能力、注意力、情绪调节能力、意志品质等。心理发展水平直接影响着个体的工作能力、工作效果，所以很受用人单位重视。一些用人单位特别是外资企业在招聘员工时往往让应聘者做一些心理测试题，以便选拔出适应岗位要求的从业者，这也体现出心理发展水平对就业的影响。

2．个性特点

个性是指一个人在其生活、实践活动中经常表现出来的、比较稳定的、带有一定方向性的个体心理特征的总和，指一个人区别于其他人的独特的精神面貌和心理特征。

个性贯穿着人的一生，影响着人的一生。正是人的个性中所包含的需要、动机和理想、信念、世界观、兴趣指引着人生的方向、人生的目标和人生的道路，也是人的个性特征中所包含的气质、性格、能力，影响着和决定着人生的风貌、人生的事业和人生的命运。

俗话说，人上一百各样各色。不同的个性特点决定了毕业生在择业时有不同的心理和行为表现，决定了择业的不同取向。如有的毕业生希望得到一份稳定的工作，有的甘愿承担一定的风险而选择自主创业，有的希望到经济发达的地区，有的甘愿到艰苦的地方，有的择业时消极自卑，有的充满自信，等等。

3．知识结构

知识结构是指知识体系在求职者头脑中的内在联系。结构决定着能力，不同的知识结构预示着能否胜任不同性质的工作。随着科学技术的发展，职业发展呈现出智能化、综合化等特点，根据职业发展特点，从业者的知识结构应该更加宽泛、合理。大学生在校学习期间，不仅要掌握本专业知识技能，而且要对相近或相关知识技能进行学习。宽厚的基础知识和必要技能的掌握，才能适应因社会快速发展而对人才要求的不断变化。

可以说丰富的知识容量、较强的动手能力、合理的知识结构是毕业生顺利就业的关键，也是确立毕业生在求职市场是否自信的基础。所以，大学生的知识结构是影响毕业生就业的重要因素。

（二）客观因素

1. 社会环境因素

人是社会性动物，生活于社会中的个体难免会受到社会环境的影响。影响就业心理的社会环境因素包括社会风气、社会经济发展对人才的需求状况、就业形势、就业政策等。随着我国就业制度的发展与改革，市场竞争已成为现在毕业生择业的主要手段，也给了毕业生择业更大的自主权和更广阔的空间，形成有利于毕业生公平、公正、自主地去就业的局面。但由于近几年高校毕业生人数的激增、经济发展对不同专业人才的需求差异、区域性经济发展不平衡、社会上仍存在任人唯亲等不正之风等，都在不同程度上影响着毕业生的就业，从而影响到毕业生的就业心理。从心理学角度讲，适应是健康的重要标志之一，面对社会环境对就业的影响，大学生应客观地看待它，积极地应对它，保持健康心态。现实就摆在同学们眼前，恐惧、退缩、抱怨等都不能解决就业问题。因此，毕业生应深入地了解社会、分析社会，及时调整自己的就业心理，以达到适应社会、顺利就业的目的。

2. 学校教育

随着人们对教育认识的深化，现在高校不仅重视专业教育，对学生进行全面素质教育已摆在各高校的议事日程。学校作为社会的一个缩影，担负着对学生进行社会化的教育与培训。这个时期的学生会在学校为之提供的社会化教育环境中不断积累生活阅历，在自己的学习、生活实践中去了解、认识社会，掌握社会生活的本领，从而使心理不断走向成熟。在这一过程中，一个学校的校风、人文环境、教学模式等对大学生有着深刻的影响，进而潜移默化地影响到毕业生的就业心理。

3. 家庭影响

家庭是社会的基本细胞，父母是子女的启蒙教师。家庭的教育方法、家长的价值观念都在影响着学生的心理发展。毕业生在就业时，其就业心理很容易受到家庭因素的影响。如教育模式为民主型的家庭，毕业生就业时就自信、乐观，敢于面对挑战；溺爱型家庭成长起来的毕业生在严峻的就业形势面前就悲观、无助、自卑感强，寄希望于家长的帮助。当然，父母在子女就业时的态度对毕业生的择业心态也有重要影响，如有的父母希望子女留在身边，有的父母不愿子女到民营或个体企业就业。

二、学生就业心理动机分析

个体的需要产生了动机，动机影响到个体行为的发生。一个人为什么要选择这种职业而不选择其他职业,为什么到这个地方而不去其他地方等,在很大程度上是受就业动机支配的。因此说,就业心理的核心就是就业动机的问题。影响就业动机的主要因素有职业的社会意义、经济报酬、地理位置、劳动强度、自身的适应性等。概括起来,毕业生就业动机主要表现在以下方面:

1. 谋求专业对口的职业岗位

不少毕业生在择业时首选专业对口的职业,学以致用是大部分毕业生的共同心理。他们认为专业对口能缩短工作适应期,有利于自我的才能发挥,有利于自我的发展。所以,不少毕业生宁愿报酬低点,条件艰苦点,也乐意从事与所学专业相关的工作。

2. 谋求社会地位高的职业岗位

职业有一定的社会意义,社会地位高的职业容易受人尊重,而光宗耀祖是中国人的一种传统心态。所以,谋求社会地位高的工作岗位几乎是毕业生普遍存在的就业心理动机。这些所谓社会地位高的岗位,主要是指有实权、有声望、经济实力雄厚的单位。毕业生在求职择业过程中往往首选的就是这样的岗位。

3. 谋求稳定性强的职业岗位

我国传统的劳动人事制度使人们形成了"从一而终"的职业观念,这种观念至今仍影响着人们的就业态度,认为有了稳定性才有安全感。所以,部分大学毕业生放弃了一次次机遇,而到一些所谓保险性强的行政、事业单位或国有大中型企业,不愿"冒险"。当然,随着社会的发展,人们观念的更新,也有大学生不再看重稳定性,而是选择有利于自身发展的就业形式。

4. 渴望到经济发达地区

经济发达地区就业机会多、劳动报酬相对高、就业市场相对规范,所以很多大学生的就业目标就定位于长江三角洲、珠江三角洲、北京、上海等经济发达地区。众多毕业生蜂拥而至,使这些地区的人才呈过剩状态。不少毕业生因准备不足而多次求职无果无功而返。而亟须人才的中西部地区往往得不到所需人才。

5. 注重经济待遇

现在社会上有句很流行的话,"金钱不是万能的,但没有钱是万万不能的"。在市场经济环境下成长起来的大学生对经济问题也很敏感。当然,一直依靠父母供养的大学生渴望真正自立时,挣钱也就成了当务之急。只有具备了一定的经济基础,他们才能建立家庭、回报父母,有的毕业生才能将求学时的贷款还清等。所以,大学毕业生择业时,经济待遇是他们考虑的一项重要因素。

6. 渴望奉献社会,到基层建功立业

不可否认,有一批毕业生面对职业选择时,他们放弃了一般人所羡慕的好单位、高收入等优越的工作环境和职业，而是支援西部建设或到边疆、基层、生产第一线去建功立业。每年毕业前夕，都有一部分毕业生申请支边、支援西部、到艰苦地方去工作就是例证。这部分毕业生的就业心理动机是报效祖国、奉献社会，充分展现了新时代学子的精神面貌，是大学毕业生学习的榜样。

第二节　大学生择业的心理问题

一、大学生常见的就业心理表现分析

由于大学毕业生就业动机的不同，结合其自身实际，就会有不同的就业心理表现。有的学生乐观、自信，为自己的就业目标不懈努力；有的学生则消极、悲观，认为自己生不逢时，茫然无措，不知从何做起。

（一）积极的就业心理

1. 乐观自信

这部分学生能客观地认识、评价自己，对职业的要求有比较明确的目标，能正确地分析社会就业形势和社会需求，求职时能够扬长避短，千方百计地采用最有效的方法追求目标，遇到挫折不气馁，相信天生我才必有用。他们主动收集就业信息、主动出击，直至找到自己最满意的职业。

2. 敢于竞争，有风险意识

这部分毕业生能顺应形势，早已从传统的"统招统分"的思想中解脱出来，明白在求职市场中，竞争是必然选择。一方面，他们为增强自身的就业竞争力而不断地从各方面充实完善自己，积极参与社会实践和校园文化活动，提高自身综合素质；另一方面，他们有强烈的竞争意识，敢于竞争。相当一部分毕业生不仅有竞争意识，更具有冒险精神。他们已丢弃了"铁饭碗"观念，不再把稳定性作为最佳选择，而更喜欢具有挑战性和竞争性的职业和岗位。尽管这样的职业、岗位有一定风险，但因其发展潜力也大，更容易体现自身价值，所以为毕业生所青睐。同时，就业中出现多元化的求职趋向，不局限于国家行政、事业单位和国有大中型企业，毕业生开始尝试选择那些挑战与竞争性更强的职业，甚至着手自主创业。

（二）消极的就业心理

1. 缺乏自信，依赖他人

有的毕业生对于求职一事总是忧心忡忡，担心失败，明明是自己理想中的工作，可是一看到求职者众多，就打起了退堂鼓，连尝试一下的勇气也没有；明知求职要靠自己去"推销"，可就是没有勇气跨进招聘单位的大门。有的毕业生依赖家长、依赖亲朋好友，在洽谈会上，由父母或亲朋好友代替自己同用人单位洽谈，把自己的命运交给别人来决定。有的毕业生一到招聘者面前，就面红耳赤，手足无措，回答招聘者的询问也语无伦次。凡此种种都是缺乏自信，缺乏对自己正确、全面的认识所致。

2. 自卑自贱，封闭自我

有的毕业生因自己生理或出身方面等的原因，担心别人瞧不起自己，进而自我否定，自我封闭，不敢走向求职市场。如有的毕业生认为自己个子矮或来自闭塞的农村而自惭形秽，有的毕业生认为自己眼睛有问题或长相不好而不敢与人交往等。这些自卑心理严重影响到毕业生的求职择业。

3. 犹豫观望，徘徊不定

世界上没有十全十美的工作，任何工作都是有利有弊的。在双向选择时，瞻前顾后，犹豫观望，徘徊不定，前怕狼，后怕虎，这山望着那山高，该拍板时不敢拍板，即使做出一个决定，也忐忑不安，顾虑重重，别人一旦说好，便沾沾自喜，别人一旦说不好，就后悔不迭。这类毕业生缺乏对自己的清醒认识，对利害得失过分注重，往往会失去许多难得的良机。

4. 缺乏主动，盲目从众

从众心理是我们日常生活中常见的一种现象，在毕业生求职择业时也往往会出现这种情况。一些大学生在求职现场热衷于热门职业，热门职业应聘的人数越多，他们对热门职业的渴求越大；也有毕业生看到别人都去大城市或经济发达地区择业，自己也效仿。这部分毕业生缺乏对自身的客观认识，没有"量体裁衣"的求职意识，把自己限制在狭窄的求职道路上，成为一叶障目之势，从而错失不少就业机会。

5. 求稳或求闲心理

在就业形势比较严峻的情况下，有的毕业生不能从这一现实出发，一味求稳或求闲，人为地给自己的就业道路设置障碍。所谓求稳是指在选择职业时受传统思想的影响，试图从职业的稳定性出发而寻找有"安全保障"的工作；所谓求闲是指在求职择业中认为自己是大学毕业生，是知识分子，而追求舒适、清闲、安逸的工作，宁可待业也不干"艰苦"的工作。这样的毕业生往往毕业后便失业，仍然依靠父母供养。

6. 怨天尤人，认为生不逢时、怀才不遇

"包分配"对于目前的大学生来说已是"过去式"了，那是上个世纪八十年代人才紧缺时的分配政策。有人曾形象地比喻：在求职的道路上，没有人会主动向你说"请"字，你必须使劲地敲门，直到有人来给你开门为止，而有些毕业生还是没有明白这个道理。面对求职的艰辛，怨天尤人，认为自己生不逢时、怀才不遇，在郁闷、抱怨中打发日子，而不是发挥自己的主观能动性，适应形势的变化，主动地进入求职市场。

7. 孤芳自赏，好高骛远

有些毕业生在择业时，认为自己无所不能，社会上的所有工作都能胜任，因而在求职择业过程中自傲清高，挑三拣四。如在目前毕业生求职倾向中有所谓的三高，即"起点高、薪水高、职位高"。有的毕业生还有攀比心理，认为自己比别人强，所以选择职业不能落后于别人，对工作的具体要求有"六点"，即"名声好一点、牌子响一点、效益高一点、工作轻松一点、离家近一点、管理松一点"。这是一种明显的贪图安逸、追求享乐、怕吃苦的表现，其就业思想中带有明显的功利动机、享受动机、求名动机。如此追求"三高、六点"，在就业过程中必然会碰壁。究其原因，这些学生的问题在于：一是脱离社会，对社会缺乏认识；二是过于依赖自我感觉，而对自我理性认识不足。

在人才竞争异常激烈的今天，毕业生应该使自己与社会发展要求保持一致，从实际出发，与时俱进，树立自强、自立、自信的意识，根据社会需要和自身条件，既不自负也不自卑，充分发挥自我优势，正视自己的不足，通过"双向选择"，寻求自己理想的职业。

二、女大学生常见的消极就业心理

1. 嫉妒与贪慕虚荣心理

女性的嫉妒心和虚荣心较强，加上受多种因素的干扰，一些女生在明显的功利动机的驱使下，做出一些消极的行为。如有的女生在大四时并不积极进行就业准备，而是忙于出入美容院、商场试衣间、酒吧等，她们期待能碰上"钻石王老五"，因此她们很容易受骗上当，人财两空。在择业竞争中，还有一些女生看到别人签的工作比自己强时，就产生嫉妒，在别人背后讽刺挖苦，甚至打小报告，造谣中伤。她们因为嫉妒而贬低别人，以求得心理上的补偿。但任何嫉妒只能害人害己，不能使自己得到任何良性的发展。

2. 盲目从众心理

女性的依赖性较强，在择业时缺乏主见，盲目跟风，认为大家说好的单位就一定好，结果一哄而上，草率行事，根本不考虑女性的个性特点。即使是在签订了工作协议之后，也坐立不安，如果有人说不好，就后悔不已。择业是一项认真的工作，它需要毕业生全方位地进行考虑，绝不可盲目从众。这样即使找到了工作，也未必适合自己。

3. 固执和狭隘心理

执著的反面就是固执，有些女生对就业早已经确定了明确的目标，她们按照这个目标固执地去选择职业，不肯做稍许让步。在择业上一味攀高，把眼光盯在大城市、国家机关与工作环境较好的单位上，而对农村、西部、小型的单位不予考虑，宁可在家待业也不愿去体验一下。然而，在现实社会中，由于岗位情况非常复杂，具体条件会因情况不同而有差别，要使职业、岗位完全符合自己的理想是很难的事情。

第三节　大学生就业应有的心理准备和意识

大学生就业是其人生发展中的一次重大转折，为了适应职业需要，大学生除了应做好就业知识和能力方面的准备、职业道德准备，还应有充分的心理准备，调整好择业心态，勇敢地迎接就业挑战，是非常重要的。求职不同于学习期间的社会实践，它是要找到一个适合自己的工作岗位，并能在这个岗位上充分发挥自己的作用，实现自我发展、体现自我价值。因社会发展迅猛，大学生经过数年专业的学习，在毕业时，人才需求的数量和模式与当年入学时所做的预测已经发生了很大的变化；许多同学经过几年的学习，对专业和行业的认识和情感也发生了很大变化。一些专业由热变冷了，或由"短线"变成了"长线"；一些专业在不断地调整和改造中，却仍然跟不上形势的变化和需要。种种原因可能使同学们在毕业后求职择业时感到灰心、无奈或失落。为了能够有所作为，走出无奈，毕业生只有走出象牙塔，正确地认识自己所处的求职地位，了解社会需求，积极主动地去适应社会需要，调整好自己的心态，才能顺利实现就业。

一、应有的心理准备

由于缺乏就业经验和就业市场竞争异常激烈，许多大学毕业生就业压力很大，备受就业问题困扰。他们在寻找工作的过程中或焦虑不安，或情绪高涨，或灰心丧气、怨天尤人，或优柔寡断，患得患失，整日心神不宁，以至于影响到了正常的生活和学习，也影响到了正常的求职择业。如何避免或减轻这种心理反应呢？充分的心理准备是重要的因素之一。毕业生应该从以下方面做好心理准备：

1. 做好角色转换的心理准备，并进行合理的角色定位

对于绝大多数学生来说，大学阶段过的是一种相对单纯而有保障的生活，学习、生活、交往等都有稳定性、规律性，在这样的环境里，容易滋生浪漫的情调和美好的理想，但这样的生活与社会现实存在一定的距离。在大学生活即将结束，面临着

由一个无忧无虑、令人羡慕的大学生转变为一个现实的社会求职者，这种身份的转变也就是所谓的角色转换。角色的转变需要大学毕业生抛开幻想，面对自主择业这一社会现实，及时地进行角色调整。只有这样，才能使大学生有充分的心理准备去应对激烈的就业竞争。大学生应该清醒地认识到大学时期所学的专业知识、技能是为个人适应社会需要、成为一名合格的社会主义建设者而打下的基础，只是一个知识积累、储备过程。这样，大学生就不再认为自己是社会上的特殊群体，而只是就业劳动大军中的普通一员，从而及时地进行角色转换和合理的角色定位，正视自己的身份，自觉投身于择业者行列，去寻找适合自己的位置。

2. 正确的自我认知

世界上没有两片相同的树叶，人的个体差异更是不胜枚举。每个人都有自己特定的气质、性格、兴趣、爱好、能力、特长，这种种的不同决定了适合自身的职业和职业发展方向的不同。全面了解自己的特点是选择职业的重要前提，作为一名求职者，只有在知己的基础上才能扬长避短，从而作出适合自己的求职决策。科学地认识自己最有效的方式是通过科学的心理测试、测量。当然，通过与老师、家长、同学交流，得到他们对自己的客观评价也是一个有效的渠道。

3. 正确的职业认识和评价

正像不同的人有适合自己的不同职业一样，职业对适合从事的人群也有要求。如从事推销、公关性质的职业，需要性格外向、多血质或胆汁质的人，而在流水线上工作的人最好具有黏液质的气质特征。所以作为一名求职的大学生，需要对职业要求有一定的认识。

职业只有分工的不同，没有高低贵贱之分。俗话说：七十二行，行行出状元。因此，作为一名大学毕业生，最好不要给自己的职业选择限定在某个范围内，摆脱轻视体力劳动或服务性劳动的传统思想，而是要根据社会需要和自己的特点选择适合自己的职业，从而拓宽就业渠道。

4. 对严峻就业形势的心理准备

在上世纪八十年代，大学生被称为天之骄子，就业时是"皇帝女儿不愁嫁"的状况。但随着我国教育的发展，高等教育从"精英教育"过度为"大众化教育"，人才出现"相对过剩"的现象。据统计，我国2003年有毕业生212万，一次性就业率是70%，有60多万毕业生在当年未落实到就业单位；2004年有毕业生280万，一次性就业率略有提高，达到73%，有70多万毕业生在当年未落实到就业单位。从此我们可以看出，大学毕业生的就业形势是多么严峻。作为即将毕业走向社会的大学生，对目前的就业形势要有充分的认识，做好求职道路上将可能遇到的艰辛和曲折的心理准备。所谓人才"相对过剩"，是指国家培养的大学生不是多得用不完了，而是呈现出需求不平衡的状况。如急需人才的边远地区和基层单位，仍苦于招不到需要的人才，处于"无米下锅"的局面。所以希望回报社会、展示自己的才华，实现人生价值的大学生，应该审时度势，做好到边远地区或基层单位的心理准备。

5. 克服依赖心理，实现真正自立

对于一个人来说，年满 18 岁便被视为成人。但在我国，青年学生在大学毕业前大多数仍在依赖父母、老师的帮助指导，没有实现真正意义上的自立。因此，有些大学生在择业过程中缺乏自信，把希望寄托在"拉关系"、"走后门"上。有的毕业生甚至由家长出面与用人单位洽谈就业事宜，殊不知这样做的结果是，用人单位会对毕业生产生缺乏开拓能力、独立生活和工作能力差的印象，最终事与愿违。因此，大学毕业生一定要实现自主择业，靠自身实力叩开职业大门，充分做好不依赖任何人的心理准备，实现真正自立。

6. 遭遇挫折的心理准备

求职过程也是一个竞争的过程，有竞争就会有失败者。当前，由于受多种因素的影响，毕业生的就业理想与现实会出现一定的差距，这时，大学生往往产生自卑、恐惧等不健康的心理，如：自负心理，认为伯乐还没有出现，不能从自身找原因；迷惘心理，即当所学专业与社会需求不尽吻合时感到无所适从，当与别人竞争失败时怅然迷惘；逃避心理，在"双向选择"时发现自己的知识、技能不能适应用人单位的需求，于是追悔、逃避，对就业失去了信心和勇气；消极心理，即不能正确认识和分析就业中的不合理现象，而感到失望和无助；报复心理，即认为自己就业不成功是招聘人员的故意刁难，从而谋求报复。2003 年浙江嘉兴市就发生了一起大学生因公务员考试落选而用水果刀刺杀工作人员，造成一死一伤的悲剧。以上种种表现，都是毕业生对求职过程中可能遇到的挫折没有充分的心理准备而造成的，以至于当挫折真正出现时，不知该何去何从，迷失了方向。作为一名新时代的大学生，应该对自己和就业形势有清醒的认识，预想到可能出现的障碍和挫折，不怕失败，及时总结经验和教训，欲挫欲奋，直到择业成功。

7. 就业后期望值与现实有差距的心理准备

大多数毕业生是怀着对未来的美好期望离开学校，走向工作岗位的，一帆风顺的成长过程可能使大学毕业生梦想着在社会这个大舞台也一展身手，实现自己的人生价值。这本来是无可非议的，但大学毕业生职业意识的缺乏和工作能力的不足，可能导致领导或同事的批评或冷遇，犹如当头一盆冷水，使其失去心理平衡。如将大学时期懒散的生活习惯带到工作中，如好高骛远，大事做不来，小事不愿做；对工作挑肥拣瘦，拈轻怕重；工作责任心不强，敷衍了事，不能按时完成领导交办的任务；过于看重自我得失，不思奉献；缺少集体观念，对事妄加评论，造成不良影响；感到工资低，领导对自己不重视而牢骚满腹；业务不熟练，造成工作差错等。这些情况都可能使意气风发的毕业生受到批评或冷遇，有时可能不是毕业生的过错，但也受到批评，使毕业生感到冤枉、委屈。遇到这样的情况，有的毕业生能够冷静下来，分析其中的原因，亡羊补牢，不断进步；但也有人一气之下"跳槽"走人，造成不必要的损失。对于每一个人来说，以往的成败得失只能代表过去，新的起点需要重新开始，以自己的实际表现来赢得别人的尊重和信任。所以，大学毕业生要对期望值与现实的差距有一定的心理准备，宠辱不惊，不断完善、提高自己。

总之，面对人生的转折，大学毕业生要做好充分的心理准备，顺应社会发展。古人云：凡事预则立，不预则废。只有未雨绸缪，才能临阵不乱。希望每一个大学毕业生，都能找到自己满意的工作，并在自己的实际岗位上做出一番成绩。

二、应有的就业意识

必要的心理准备是大学生顺利就业的前提，树立一定的就业意识则能帮助毕业生发挥主观能动性，迎接就业挑战。

1. 培养积极主动的求职意识

很多大学生在对学校或专业的选择上，因受这样那样因素的影响，并没有把自身情况与职业生涯有机地联系起来。如有的同学是为了获取最大的被录取可能，而选择了自己并不了解或自己并不喜欢的专业；有的同学是受当时社会热点的影响而随波逐流，选择那些所谓的热门专业；有的同学是受家长、中学老师以及亲朋好友建议影响，以他人的尺度来选择自己的专业；有的同学则是因分数低或志愿没报好而被调剂录取的。因而，从总体上来讲，大学生对所选专业以及将来自己所适应的职业等问题可能处于盲目状态。等到即将毕业，尤其是面临择业问题时，往往感到手足无措，更难以适应就业制度的变革和人才市场的激烈竞争。但专业的选择已成事实时，大学生应抓紧了解自己的专业，明确自己所学专业的培养目标及使用方向，树立专业思想。并主动将个人发展与社会需求结合起来，跟上社会发展变化的步伐，变被动为主动，提高自己的综合素质，提升自己的竞争力。在毕业前，注意搜集社会各方面特别是本专业的用人信息，树立自我推销的求职意识，凭借自己的实力叩开职业大门。

2. 创业意识

大学生是青年中的佼佼者，思维活跃，创新意识强，在政府多项优惠政策的激励下，完全可以走自我创业的道路。这样可以在就业难的情况下，另辟蹊径，不但为社会拓展了就业渠道，而且能最大限度地满足大学生自我实现的需要。大学生创业在美国高达25%，在日本有10%，我国大学生自主创业也呈上升势头。作为新时代的大学生，应有敢闯敢干的精神，树立自主创业意识。

3．"转业"意识

我们通过与毕业生座谈了解到，不少强调专业对口的毕业生在求职过程中往往更加难于找到用人单位，有的同学不能实现一次性就业，与其就业观念有很大关系。以专业对口为择业标准的这种画地为牢的观念，确实制约着一部分毕业生的就业。有关专家指出，一个大学生在校期间所学知识仅占其一生中所需知识的 10% 左右，终身学习理念已被越来越多的人所接受。目前在发达国家，一个人全部在业期间平均更换 4～5 次工作岗位，从业期间的再学习已是非常普遍的。"从一而终"、"一步到位"的就业观念已不能适应社会发展需要，更不利于个人发展。经过系统学习，基本素质较高的大学生应具备转业意识，树立"先就业，再择业"的观念，避免"在一棵树上吊死"。

4．转换角色意识

对于大学生来说，其生命的大部分时间都是在校园中度过的，他们熟悉的是"三点一线"的学校生活，对社会了解较少。在大学学习时期，虽然有一些社会实践和实习活动，也只是对社会的有限的接触。从学生到一个真正的社会人，是其社会角色的转变，必然有一个适应过程、一段磨合期。毕业生应意识到自己的角色转变，自觉调整自己的思想、行为，以适应社会和用人单位的要求。

第四节　大学生择业的心理调适

在人的一生中，职业选择期是非常关键的时期。因此，在职业选择期良好健康的心理关系着一个人今后人生历程的发展，它决定着一个人在职业生活中能否发挥自己的个性，施展自己的才华，取得事业成功与自我价值的实现。为了避免大学生择业中的心理障碍与心理压力，应该采取积极的措施来调适大学生在择业中存在的不良心理。

一、关于调适的基本观点

调适，又称心理调适，是指改变或扩大原有认知结构，以适应新情境的历程。大学生在择业过程中，不可避免地会遇到困难、挫折和冲突，引发各种心理问题，既不利于个人身心健康，也不利于求职就业。心理调适的作用就在于帮助大学生在遇到挫折和冲突时，能够客观地分析自我与现实，有效地排除心理困扰，控制和调节自己的情绪，从而保持一种稳定而积极的心态，维护自己的身心健康，人尽其才，各得其所。

所谓自我心理调适，就是自己根据自身发展及环境的需要对自己的心理进行控制调节，从而最大限度地发挥个人的潜力，维护心理平衡，消除心理困扰。大学生学会自我心理调适，能够帮助自己在择业遇到困难、挫折和心理冲突时，进行自我调节与控制，化解困境，排除困扰，改善心境，寻找最佳途径实现自己择业的理想和目标，不至于因受挫而使情绪一落千丈或丧失信心。因此，大学生要充分认识心理调适的积极作用，提高自我调适的自觉性，增强承受挫折、化解冲突和矛盾的能力，及时调整自己的心理状态，促使心理健康，顺利择业。

大学生进行自我心理调适一般有以下四个方面途径：

（一）充满自信

知人为聪，知己为明；知人不易，知己更难。大学生应该对自己有充分的认识，把主观愿望和客观条件结合起来，强化自信心理。一些大学生在求职过程中，由于怯于出头，羞于表现，常常给人以唯唯诺诺、缺乏能力的印象，不能给自己提供施展才华的机会。面对日益激烈的人才竞争，大学生就应该抛弃自卑心理，树立自信意识。充满自信，在平时就应注意培养自己良好的人格品质，改变那些不适应发展的不良人格品质，培养自信乐观、自强不息、宽容豁达、开拓创新等品质，树立自信心。在求职遇到挫折困境时，要相信自己的能力，不被暂时困难所吓倒，正视现实，放眼未来，要相信未来是美好的，前途是光明的，一定能达到理想的彼岸，找到自己满意的工作，同时要适时调整自己的不良心理。有理想、有抱负的青年大学生，更应该怀着一腔热血，到祖国最需要的地方去建功立业，奉献青春。

【链接】

有这样一个寓言故事：有两只小青蛙，不小心掉进了一个装油的坛子里，想跳出来，油太腻，想爬出来，坛子太滑，多次努力都没有结果。其中一只想，反正没有希望还游什么呢，这样想着于是越来越游不动了。而另一只虽然感到疲劳但还是坚持游着，它想着只要有力气，我都要游下去！游着，游着，它突然碰到了一块东西，是黄油。在它不停地搅动下黄油凝固起来，它踩在凝固的黄油上一用劲就跳了出来。——原来成功就这么简单。

（二）正视社会现实

人是社会之人，是现实之人。正视社会现实是大学生择业必备的健康心态之一。积极的心态是正视社会，适应社会；消极的心态是脱离社会，逃避社会。目前总的趋势是随着知识经济时代的到来，社会越来越尊重知识，尊重人才，而随着大学生就业制度改革深化，随着国家劳动认识制度的改革配套，社会将尽可能为大学生求职择业提供较好的环境，职业选择的机会将大大增加，这必定为大学生施展自己的才能提供广阔的天地，也有利于大学生自身的发展与成才。但同时也必须看到，我国目前的生产力还比较落后，供需形势不平衡，教育结构不合理，社会为大学生提供的工作岗位不可能使人人满意。另外我国的大学生就业市场还需要进一步完善，不正之风还有可乘之机，用人单位自主权扩大以后，对大学生要求更加严格。所以，大学生要从实际出发，更新择业观念，面对人才市场，必须勇于竞争，以便被社会承认和接受。正视社会现实，还需要大学生认清社会需求，根据社会需要选择适合自己的工作，而不应好高骛远、脱离实际。人的本质是社会关系的总和，人不能离开社会而生存与发展，每个人自我愿望的实现都离不开他所处的社会环境。择业作为人的一种社会性活动，必然也会受到种种社会条件的制约。大学生如果脱离社会需求，则很难被社会接纳，甚至难以生存下去。那种一味追求个人名利、满足自己愿望的择业观是不可取的。

（三）培养独立意识

社会并不把大学生当作学生或未成熟的青年看待，社会要求大学生对自己的行为负完全的责任。因此，在校期间大学生有意识地培养自己的独立意识是十分重要的。首先，要培养自己独立生活的能力。从纷繁琐碎的日常小事开始，训练独立处理问题，发展各种基本生活技能的能力，摆脱家庭的关怀呵护，学会自立。其次，要注重培养独立处理学习、生活、应付工作的能力。最大限度地发挥自己的创造性，而不是在等待老师安排和指导下去做，要学会顺应环境，改变环境。第三，要在思想上和心理上走向独立。在思想上要意识到大学生要走自己的路，要有自己独立的见解，寻求自己的奋斗目标，独立处理面对的各种问题，不断完善自己的思想体系；而心理上的独立，很重要的一方面是要有自信心，无论成功与否，身在顺境还是逆境都能坦诚地对待自己，都相信自己的能力，做到自尊、自爱、自信、自强，保持乐观进取、积极健康的心态。

（四）正确对待挫折

挫折是试金石，心理健康的人勇于向挫折挑战，百折不挠；心理不健康的人，知难而退，甚至精神崩溃、行为失常。大学生在求职过程中应保持健康稳定的心理，积极进取的态度，遇到挫折，不要消极退缩，要认真分析失败的原因，是主观努力不够，还是客观要求太高，是主观条件不具备，还是客观条件太苛刻。经过认真分析，才能做到心中有数，调节好心态。有的同学一次落聘就灰心丧气、一蹶不振。落聘只是失去一次选择职业的机会，并不等于择业无望，事业无成。因此，遇到挫折，要敢于向挫折挑战，知难而进，百折不挠。因为通向成功的道路不会是平坦的，只有坚强不屈，顽强拼搏，才能达到光辉的顶点，而那些一遇挫折就偃旗息鼓的人，只能半途而废，永远不可能成功。对待挫折不是被动适应和一时忍耐，而是要放弃等待机遇、怨天尤人、牢骚满腹的挫折心理，藐视困难，增强信心，修订目标，客观分析，积极进取，创造新生活。

二、心理调适的具体方法

大学生要控制自己的心境、自觉地调整内在的不平衡心理、增强心理素质、保持乐观向上的情绪，就需要不断地对自己进行心理调适。下面介绍几种常用的心理调适方法，供大学生在择业过程中，根据自己的实际情况有选择地加以使用。

（一）自我激励法

自我激励法主要指用生活中的哲理、榜样的事迹或明智的思想观念来激励自己，同各种不良情绪进行斗争，坚信未来是美好的，因为失败、挫折已经成为过去，要勇敢地面对下一次，尽可能地把不可以预料的事当成预料之中的，即使遇到意外事件出现或择业受挫，也要鼓励自己不要惊慌失措、冲动、急躁，开动脑筋、冷静思考、寻找对策。大学生在择业过程中，要相信自己的实力，通过自我激励，增强自信心，消除自卑感，保持良好的情绪和心态。

（二）注意转移法

注意转移法即把注意力从消极情绪转移到积极情绪上。当不良情绪出现时，可以采取转移注意力的方法寻找一个新颖的刺激，激活新的兴奋中心以抵消或冲淡原来的兴奋中心，使不良情绪逐渐消失。如听听音乐，参加体育运动，进行自我娱乐，接受大自然的熏陶，参加有兴趣的活动，等等，使自己没有时间沉浸在因各种原因引起的不良情绪反应中，以求得心理平稳。

（三）适度宣泄法

当遇到各种矛盾冲突引起不良情绪时，应尽早进行调整或适度宣泄，使压抑的心境得到缓解和改善。宣泄的较好方法是向你的挚友、师长倾诉你的忧愁、苦闷，使不良情绪得到疏导。在倾诉烦恼的过程中，可以获得更多的情感支持和理解，获得认识和解决问题的新思路，增强克服困难的信心。也可通过打球、爬山等运动量较大的活动，消除压抑心理，恢复心理平衡，但应注意场合、身份、气氛。尤其注意要适度，宣泄应是无破坏性的。

（四）自我安慰法

自我安慰法又称自我慰藉法，关键是自我忍耐。在择业过程中，大学生常常会遇到挫折，当经过主观努力仍无法改变时，可适当地进行自我安慰，以缓解动机的矛盾冲突，解除焦虑、抑郁、烦恼和失望的情绪，这样有助于保持心理稳定。在因受挫折而情绪困扰时，可用"亡羊补牢，犹未为晚"，"塞翁失马，焉知非福"等话语来做自我安慰，解脱烦恼。

（五）合理情绪疗法

合理情绪疗法认为，人们的情绪困扰是由于不正确的认知即非理性信念所造成的，因此，通过认知纠正，以合理的思维方式代替不合理的思维方式，就可以最大限度地减少不合理的信念给人们的情绪带来的不良影响。例如，有的大学生择业不顺利就怨天尤人，认为"人才市场提供的岗位太少"，"用人单位要求太高"，其原因就在于他只从客观上找原因，认为"大学生择业应当是顺利的"，"社会应该为大学生提供充足的岗位"，等等。正是由于这些不正确的认知信念，造成了他的不良情绪，而这种不良情绪恰恰来自于他自己。所以，如果能改变这些不合理的观念，调整认知结构，不良情绪就能得到克服。大学生运用合理情绪疗法时要把握三点：第一，要认识到不良情绪不是源于外界，而是由于自己的非理性信念所造成的；第二，情绪困扰得不到缓解是因为自己仍保持过去的非理性信念；第三，只有改变自己的非理性信念，才能消除情绪困扰。

（六）学会放松

放松是缓解焦虑、恐惧，达到心理平衡的有效方法之一。我们常用的有深呼吸法、肌肉张弛放松训练等。我们这里介绍一下肌肉张弛放松训练，此方法可使自己充分体会肌肉紧张与放松的感觉。取舒适体位坐好或躺好，开始训练：

第一步：深呼吸。请深吸一口气，然后慢慢地呼出，再做第二遍。

第二步：提眉。尽量提眉，然后放松，体会放松的感觉。

第三步：紧闭双眼，然后放松。

第四步：咬紧牙关，放松。

第五步：低头和仰头。尽量低头将下颌抵住胸口，然后放松，头尽量向后仰，然后放松。

第六步：缩肩和耸肩。双肩向前向胸部靠拢，然后放松；再将双肩向后夹紧后肋，挺胸，然后放松；再将双肩耸起，然后放松。

第七步：紧握拳头，紧握，再紧握，然后放松。

第八步：提肋。感觉肋骨上提，膈肌下降，胸腔扩大，呼气放松。

第九步：收腹，放松。

第十步：绷紧腿部肌肉，然后放松。

第十一步：翘足。尽量将脚尖抬起，然后放松。

第十二步：全身肌肉放松，体验放松的感觉。

通过肌肉张弛放松训练，可缓解或消除各种不良身心反应，如焦虑、紧张、恐惧、入眠困难、血压增高、头疼等症状，达到心理平衡。另外，在应聘前有紧张或恐惧感时，通过深呼吸或做一二组肌肉张弛训练，可以达到转移注意力、放松心情的效果。

【案例】

小周是某高校 2010 届的毕业生，学习成绩较好，连年取得奖学金，甚至还获得过国家奖学金。在年前年后，他与同学们一道参加了几次招聘会，眼看同学们一个个"名花有主"，而他不但没有落实到用人单位，而且有的用人单位还对他这个"优等生"冷言冷语、不屑一顾，小周心里非常难过。为什么会出现如此的局面呢？小周经过分析认为找到了原因，比如他来自于偏远落后的农村，没有什么可用的关系，个子矮、长相不好，性格内向，不善言辞等。总之，认为自己除了学习好之外，再也没有什么优势了，而学习好又得不到用人单位的认可，他感到对不起含辛茹苦的父母，自卑感油然而生，害怕再到人才市场。即将毕业时，他没有再迈出校门，多数时间在宿舍睡觉或上网玩游戏。老师发现小周的情况后，对他进行了辅导，帮助他正视了其问题所在。随后，小周又走出校门，终于在深圳找到了一份专业对口的工作。

小周因学习好，起初他对自己找工作是满怀信心的，但随着求职的失败，他开始找自身的原因，夸大了自身的不足之处，从而产生了强烈的自卑感，进而出现了求职恐惧。其实，小周从开始求职时就是比较盲目的，他缺乏对就业形势和具体用人单位的了解，也缺乏对自己全面客观的认识。

小周在求职前，应该做好充分的准备，特别是对自我的正确认识，如果有条件可以进行心理测试、测量。在出现求职挫折时，应进行及时调适，而不是自暴自弃。

从小周的事例我们可以看出，求职障碍的关键不在社会，而是在毕业生自己。毕业生应认清形势，积极进行自我调整，勇敢地面对就业挑战。

自我调适的方法还有很多，如环境调节法、自我静思法、广交朋友法、松弛练习法、幽默疗法等。这些都是应变的一些方法，但最主要的是大学生要树立正确的择业观，对择业要充满信心，要注意磨炼自己的意志，培养乐观豁达的态度，不要惧怕困难、挫折，要始终保持积极向上的精神状态和健康的心理。

总之，在择业求职过程中，大学生应提高自我调适的自觉性，立足于自身的努力使自己保持一种良好的心态。同时，社会、学校和家庭各方面也应提供热忱的关注和积极的引导，帮助学生面对现实，排除心理困扰，缓解不必要的心理压力，促使他们尽快实现角色转换，顺利走向工作岗位。

【学习与思考】

1. 如何看待择业中的挫折心理？

2. 小邓还算是比较幸运，初次参加人才交流会就被一家用人单位看中了。可因为时间尚早，如果草率决定，可能会遇到更好的选择。可同时又担心会错过机会，所以他一直都犹豫不决，苦不堪言。如果你是小邓的朋友，你该给他什么样的建议？

3. 如果你是大二或大三的学生，请做一份职业生涯规划的方案，以确定毕业后希望从事什么样的职业，在校期间该付出哪些具体的行为来达到该规划的结果。方案要求具体明确。

参 考 文 献

[1] 王登峰，张伯源. 大学生心理卫生与咨询［M］. 北京：北京大学出版社，1992.

[2] 王效道. 心理卫生［M］. 杭州：浙江科学技术出版社，1990.

[3] 郭亨杰. 大学生适应心理指导［M］. 北京：高等教育出版社，1992.

[4] 黄希庭. 人格心理学［M］. 台北：东华书局，1998.

[5] 黄希庭，郑涌. 当代中国大学生心理特点与教育［M］. 上海：上海教育出版社，1999.

[6] 张厚粲. 大学心理学［M］. 北京：北京师范大学出版社，1999.

[7] 刘力，谭力海. 剖析人生——心理类型学［M］. 济南：山东教育出版社，1992.

[8] 高玉祥. 健全人格及其塑造［M］. 北京：北京师范大学出版社，1997.

[9] 桑志芹. 大学生心理健康［M］. 南京：南京大学出版社，2007.

[10] 林崇德. 学习与发展［M］. 北京：北京师范大学出版社，1999.

[11] 陈英和. 现代认知发展心理学［M］. 杭州：浙江人民出版社，1998.

[12] 黄希庭，徐凤姝. 大学生心理学［M］. 上海：上海人民出版社，1988.

[13] 韦彦凌，等. 大学生心理健康与咨询［M］. 北京：中国经济出版社，1995.

[14] ［美］艾布拉姆森著. 弗洛伊德的爱欲论——自由及其限度［M］. 陆杰荣，顾春明，等，译. 沈阳：辽宁大学出版社，1987.

[15] 黄希庭. 心理学导论［M］. 北京：人民教育出版社，1991.

[16] 孟昭兰. 人类的情绪［M］. 上海：上海人民出版社，1989.

[17] 卢家楣. 现代青年心理探索［M］. 上海：同济大学出版社，1989.

[18] 詹灶福，汪琴女. 大学生恋爱现象的调查及教育对策［J］. 青年探索，1997（5）.

[19] 秦云峰，弘扬. 大学生常见性问题200问［M］. 北京：中国社会出版社，1999.

[20] 蔼理士. 性心理学［M］. 上海：三联出版社，1988.

[21] 陶国强，王祥兴. 大学生网络心理［M］. 上海：立信会计出版社，2004.

[22] 上官凤. 大学生心理健康教育［M］. 北京：北京理工大学出版社，2008.

[23] 张锋. 大学生心理健康教程［M］. 昆明：云南大学出版社，2004.

[24] 刘献文. 大学生就业指导教程［M］. 沈阳：辽宁大学出版社，2003.

[25] 时蓉华. 新编社会心理学［M］. 上海：上海文艺出版社，2004.

[26] ［美］卡伦·霍尔奈. 女性心理学［M］. 窦卫霖，译. 上海：上海文艺出版社，2000.

[27] 陈美松，曾文雄. 大学生心理健康教育教程［M］. 合肥：中国科学技术大学出版社，2007.

[28] 杨欢进. 职业生涯规划与大学生就业指导［M］. 石家庄：河北人民出版社，2006.

后 记

为了让我们的同学在大学学习中除了学习和掌握好自身的专业知识外，还能拥有一个积极健康的心态面对大学以及今后的学习、生活和工作，我们利用我院大学生心理健康教育与咨询中心的资源力量，组织了一批一线工作经验比较丰富和理论水平较高的同志编写了这本《大学生心理健康教育》教材。

从开始讨论编写这本教材，我们就是从更好地为我院的同学服务，更贴合我们同学的实际需求出发，所以同学们在书中除了可以学习到一般的大学生心理健康教育的知识以外，还可以看到我们特意增添的女性心理学的部分知识，这是我们本书的特色之一，也是针对我们专业外语院校女生居多来设定。在书中，我们编者所举的案例也大多是发生在我们学院，我们身边的真实的案例，让我们读来也更觉得亲切，更容易产生共鸣，更利于我们联系自己进行思考。我们也希望我们的努力能给同学们带来不一样的感受。

本教材由四川外语学院成都学院《大学生心理健康教育》编委会组织编写。参加编写和资料收集工作的有王林、王小会、艾杰、叶鹏田丹、杨陌、胡劲松、郭旗、陶文静。

在本教材的编写过程中，我们借鉴了部分专家和学者的研究成果，参阅了大量的专著和网络材料，在此向这些作者表示由衷的谢意。本书的出版得到了中国出版集团及世界图书出版公司的大力协助，相关领导和部门对我们给予了大力支持，在此一并表示衷心的感谢！

由于编者的视野和水平有限，编写时间较为仓促，书中难免存在疏漏与不妥之处，我们诚恳的期待广大同学和读者批评指正，提出宝贵意见。

编　者
二〇一一年五月